編集担当（敬称略）

近藤　勝義（東京大学）

執　筆　者（五十音順、敬称略）

遠北　正和（住友金属鉱山㈱）
大浦　　豊（三協アルミニウム工業㈱）
大河内　均（福田金属箔粉工業㈱）
太田　育夫（カヤバ工業㈱）
太田　俊一（トピー工業㈱）
川上　正博（豊橋技術科学大学）
佐藤　声喜（㈱インクス）
下吹越光秀（東陶機器㈱）
庄司　辰也（日立金属㈱）
白柳伊佐雄（白柳技術士事務所）
須賀　唯知（東京大学）
新家　光雄（東北大学）
野口　裕之（日本工業大学）
真嶋　　聡（日産自動車㈱）
松本　壮平（産業技術総合研究所）
三好　元介（東京大学）
山内鴻之祐（ヤマウチマテックス㈱）
山本　浩士（日本アトマイズ加工㈱）
渡辺　　洋（㈱日立金属ＭＰＦ）

（二〇〇五年十月現在）

まえがき

「もの作り」と聞くと、工場や現場などを想像し、少し堅苦しさを感じる方もいるかも知れませんが、土いじりや粘土細工、ブロック遊びなど、多くの方が幼いころに経験されたことは「もの作り」の原点ともいえます。そして、私たちの生活を支える形あるものは、すべてが創造されたものであるといっても過言ではありません。それほどに「もの作り」は私たちの身近にあります。

本書では、「もの作り」にもう一歩近付くことで、その楽しさや感動、興味を少しでも覚えてもらえればと思い、できるかぎり身近な事例を取り上げ、わかりやすい内容と表現でまとめました。

書名にもありますように、本書は続編です。初編である「もの作り不思議百科」は、十数年前に社団法人日本塑性加工学会（The Japan Society for Technology of Plasticity）の編集委員会で企画され、コロナ社から発刊されましたが、一般の方にも、当時の技術・科学について、もっと広く知ってもらおう、興味を示してもらおうという思いを込めて、気楽に読めるような工夫に努めました。いまなお、初編の読者が後を絶たないということからも、当時の執筆者や編集委員の方々の熱い思いは幅広い読者に伝わったことでしょう。

続編として発刊される本書は、一般の方が気楽に読めるというコンセプトを踏襲し、初編とは違った切り口で「もの作り」とそれにかかわる製品・技術について、三章に分けてまとめてみました。1章は、生活に密着した「身近な」もの作りに関する事例です。携帯電話、MDプレーヤー、アルミサッシ、自動車、化粧品など、いずれも日ごろに目にするものばかりです。2章は、マイクロからナノといった微細な・微視的な世界の製品事例を紹介します。一九六六年にテレビ放映された「ミクロの決死圏」では、人間が小さくなって体内に潜入し、脳障害を治すというストーリーで観る人をワクワクさせました。そして、いまはナノテクノロジーという言葉に代表されるように、さらにスケールを小さくした技術が実用化されています。このような微視的な世界の製品の中で、「えっ！」と思うような事例を紹介します。3章では、普段は直接、目にすることはないけれども、製品の中でその機能・性能を支える「もの」のつくり方や、その機能のメカニズムをわかりやすく説明しています。このように日常、目にする身近なものを取り上げて、「もの作り」の面白さを紹介することで、多くの方がその魅力を感じていただけることを期待いたします。

最後に、ご多用中にもかかわらず、ご快諾いただきました執筆者各位と、編集・出版に当たってお世話になりましたコロナ社の方々に心より御礼申し上げます。

二〇〇五年九月

社団法人 日本塑性加工学会「続もの作り不思議百科」編集担当　近藤　勝義

もくじ

1　「身近にある」もの作り

2　「マイクロ～ナノの世界における」もの作り

3　「見えないところで機能を支える」もの作り

1 「身近にある」もの作り

マグネシウム合金を使った超軽量MDプレーヤー

私たちが使う電子機器は、どんどん機能が向上し、また、小さく、軽くなり、いわゆる「軽薄短小」は当たり前のように考えられていますが、日本の経済は「重厚長大」で発展したのです。昭和二十年代の戦後の貧しい時代を経て、先輩たちが必死に働き、西欧へ輸出することにより外貨を得て国力を生き返らせたのは、鉄鋼、造船、重機、化学、自動車などの「重厚長大」の基幹産業です。この発展のおかげで、昭和三十年代以降、一般家庭でも少しずつ生活に余裕ができ、メーカーの努力で安くなったテレビ、洗濯機、冷蔵庫などの電化製品を購入することができるようになりました。

平成に入ると、技術革新により生産規模はどんどん進み、消費が追いつかないほど、ものがあふれてきました。すると消費者は機能と安さだけでは満足できず、多少高価でも、ほかにはない独自性を求めるようになりました。同じ機能を持っていても、例えば、デザインが優れているもの、外観がきれいなもの、小さく軽いものなどが好まれ、価値観は多様化、複雑化してきました。

ここ数年、携帯用電子機器のデジタルカメラ、携帯電話、CDプレーヤー、パソコンなどは飛躍的に機能が向上し、また、持ち運びしやすいようにどんどん小型化、軽量化されてきました。ここでは業界内で特に軽量化競争が激しいMD（ミニディスク）プレーヤーを取り上げます（写真1）。

MDプレーヤーは、移動時も音楽が聴ける携帯用CDプレーヤーを小型化したもので、一九九三年ごろから市場に登場しました。ディスクの直径はCDプレーヤーの五インチに対し、二・五インチと半分の大きさに小型化されました。音声はデジタル信号で、CDと同程度の量が記録できるなど、優れた特徴を持ち、生産は年五〇パーセント以上増と爆発的に伸び続けました。その後、機能は大幅に改善され、若者を中心に使用されており、現在では国内で毎年三百万台以上が生産されています。

メーカー間の小型化、軽量化競争は激しく、毎年発売される新型機種では、前年機種に比べ、性能に加えて、小型化、軽量化の向上度が

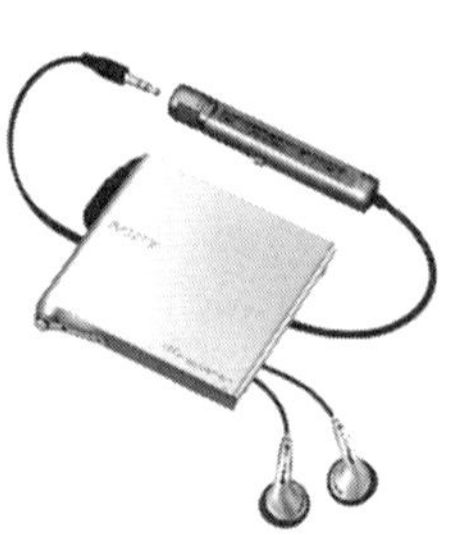

写真1　MDプレーヤー

強調されます。通常、製品設計と組立ては、MDプレーヤーメーカーが行い、各部品は委託を受けた複数の専門メーカーが製作します。製品は年々小さく、軽くなるので、精度もそれに伴いしだいに厳しくなっていきます。この要求にいかに応えるかが部品メーカーの力です。

MDプレーヤーを購入するときの決め手はなんでしょうか？ 安さ、軽さ、機能は大きな要因でしょうが、デザインが良い、おしゃれ、かわいい、といった現代感覚は最も大きな決め手になるのではないでしょうか？ したがって、外観をいかに素晴らしくするかは、プレーヤーメーカーはもちろん、外観部品（ケース、筐体《きょう》）を担当する部品メーカーの腕の見せどころです。

ケースは、以前からプラスチックでつくられていました。プラスチックは石油を原料にして工業用に合成された材料で、軽く、安価で、大変優れた材料です。これを粒状にして、加熱して溶かし、形状を彫った金型内に高圧で射出成形してつくります。そして、形状を整えて、塗装、印刷をし、最終的に内部に部品を組み付けます。当初は物珍しく、機能優先であったため、プラスチック製ケースになんの違和感もなく使用されていましたが、しだいに普及してくると、外観のデザインがより重要視されて、デザイナーはプラスチックより、金属の質感を優先するようになりました。軽量化が前提ですから、強くても重い鉄や銅合金は最初から外され、軽合金のアルミニウム、マグネシウム合金が対象とされました。

最初に使われたアルミニウムは、薄板をプレス曲げして、形を整え、表面処理（アルマイト）

し、ロゴマークなどを印刷して使われました。MDプレーヤーのケースの重量は上下で約二〇グラムです。アルミニウムは比重が二・七で、プラスチックの約一・一の二・五倍程度です。強度的に優れたアルミニウムでは肉厚を半分ぐらいに薄くできますが、同じ大きさでは少し重くなってしまいます。

つぎの材料として、マグネシウムが検討されました。マグネシウム合金は比重一・八でアルミニウムの三分の二、実用金属では最も軽量です。しかし材料価格が高く、しかも活性な金属で、酸化しやすく、また成形加工性も悪いので部品等をつくりにくいとされています。強く、最軽量との魅力が優先される航空機材料には、かなりの実績がありますが、自動車用等にはコストが高いことが大きな問題で、利用範囲は一般高圧ダイカスト法〔図1（a）〕によるカバー類などに限られています。しかし、MDケースでは、後工程に多くの費用がかかり、材料費の割合は製造原価の二〇パーセント以下と小さいので、しだいに採用されるようになってきました。

最初はプラスチックの射出成形法に類似した特殊高圧ダイカスト（チクソモールド）法〔図1（b）〕による鋳造品（アルミニウム九パーセント、亜鉛一パーセントほかを含むマグネシウム合金）が採用されました。肉厚一ミリメートル程度で目標形状が得られ、軽量化要求には適合しましたが、表面は見えないほどの小さな傷や凹凸が問題となりました。後工程で手直しをしても外観の合格基準に達しないと判定された不具合品が発生し、成形メーカーでは対策に苦慮したとのこと

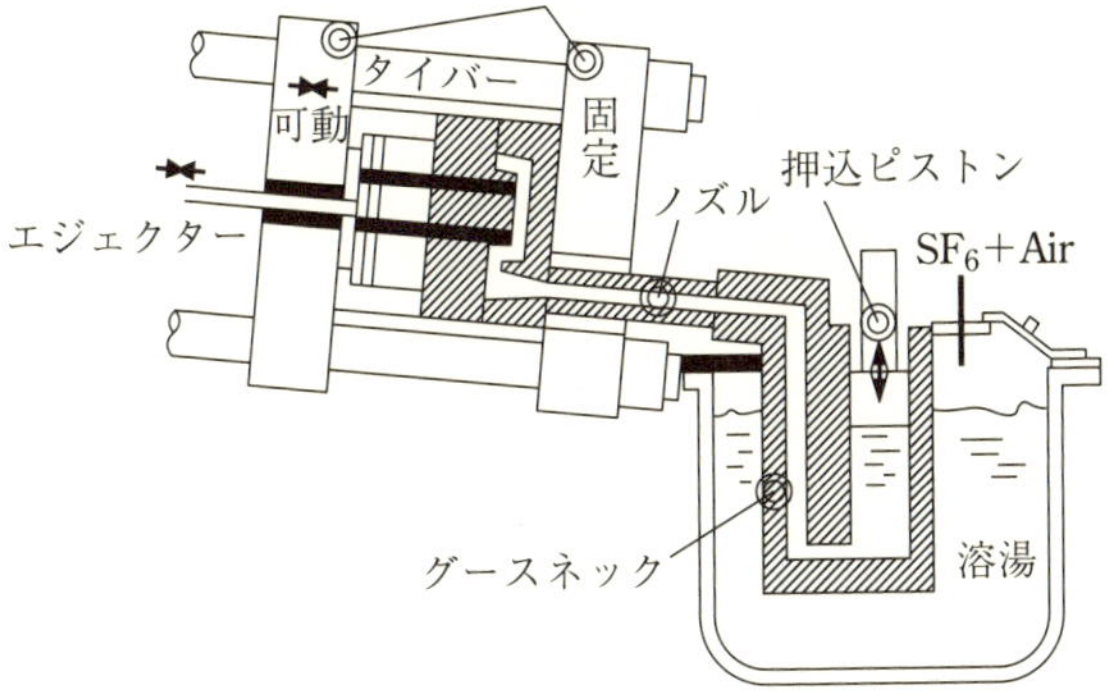

（a）一般高圧ダイカスト法

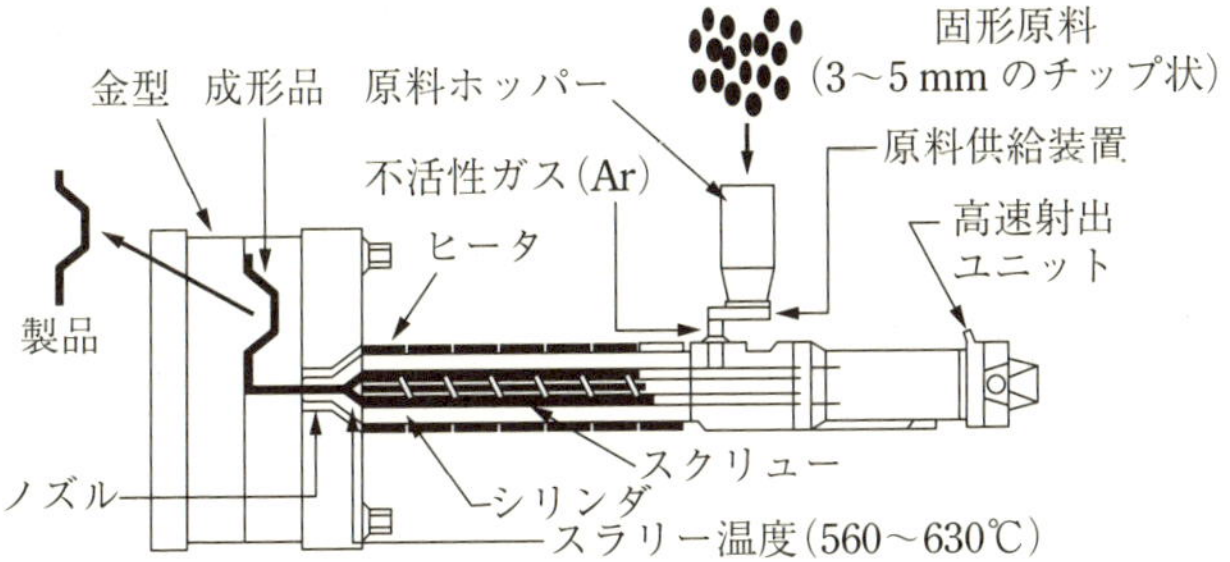

（b）特殊高圧ダイカスト（チクソモールド）法

図 1　高圧ダイカスト法

です。しかし、MDプレーヤーメーカーにとっては、プラスチック並みの軽量化ができるマグネシウムの魅力は大きく、より高品質で安定供給ができる製法を求めました。

その製法として、鍛造成形法が注目されました。鍛造成形法は基本的には、昔、鍛冶屋さんが、熱して軟らかくした鉄を金づちでたたきながら刀剣や道具などをつくっていく方法です。現在では、この方法は大きく進歩し、油圧や機械による荷重（圧力）や速度は自動制御されます。形状をつくるには材料を塑性変形しなければならず、変形しにくい金属は、温度を上げて、軟らかくすることが必要です。マグネシウム合金は、特にその傾向が強いので、加熱しなければ鍛造成形できません。

実際の鍛造法では、金型は、通常、内部に形状を彫り込んだ上下型が用いられます。下型は鍛造機の基礎に固定し、上型は荷重を伝えるピストンに組み付け、一緒に動くようにします。間に材料を置き、上型が下型に密着するまでピストンを下降し、荷重をかけ、材料を変形させます。一回で目標の形状にならない場合は、二回、三回と寸法精度を高めた金型で鍛造を行い、最終形状にします（図2）。

鍛造法でのMDプレーヤーケースの要求肉厚は一ミリメートル以下（実際には〇・八〜〇・五ミリメートル）と薄く、材料は、製品肉厚より少し厚い板（アルミニウム三パーセント、亜鉛一パーセントほかを含むマグネシウム合金）を用います。金型とともに三〇〇〜五〇〇℃の温度で、二〇〇～五〇〇トンの荷重をかけ、二回の鍛造工程を経て、側面形状を出しながら、表面は平らで、裏面には局部的に肉厚段差、ボスを有する形状とします。次いでトリミングプレスで、ばり、穴あけ等を行い、最終形状にします。その後、ショットブラストで表面についた潤滑剤等を落とすと同時に、表面粗さを均一にし、後工程の仮防食処理、塗装、印刷などを行います（写真2）。この間、製品仕様により、ねじきりなどの機械加工、塗装後の特殊表面研磨加工などがあれば、最終的には

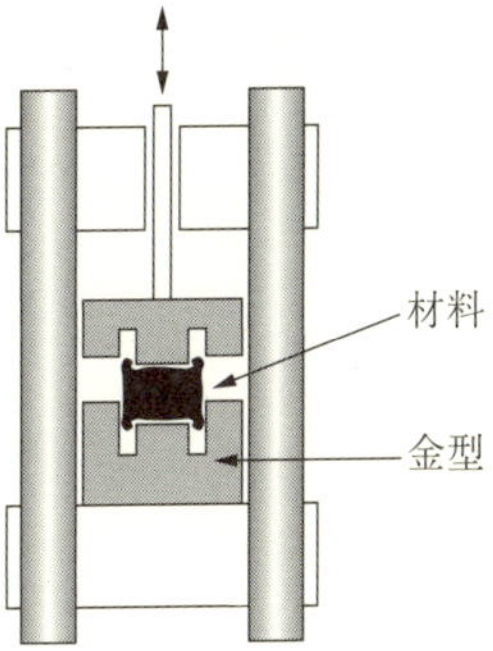

図2　鍛造成形

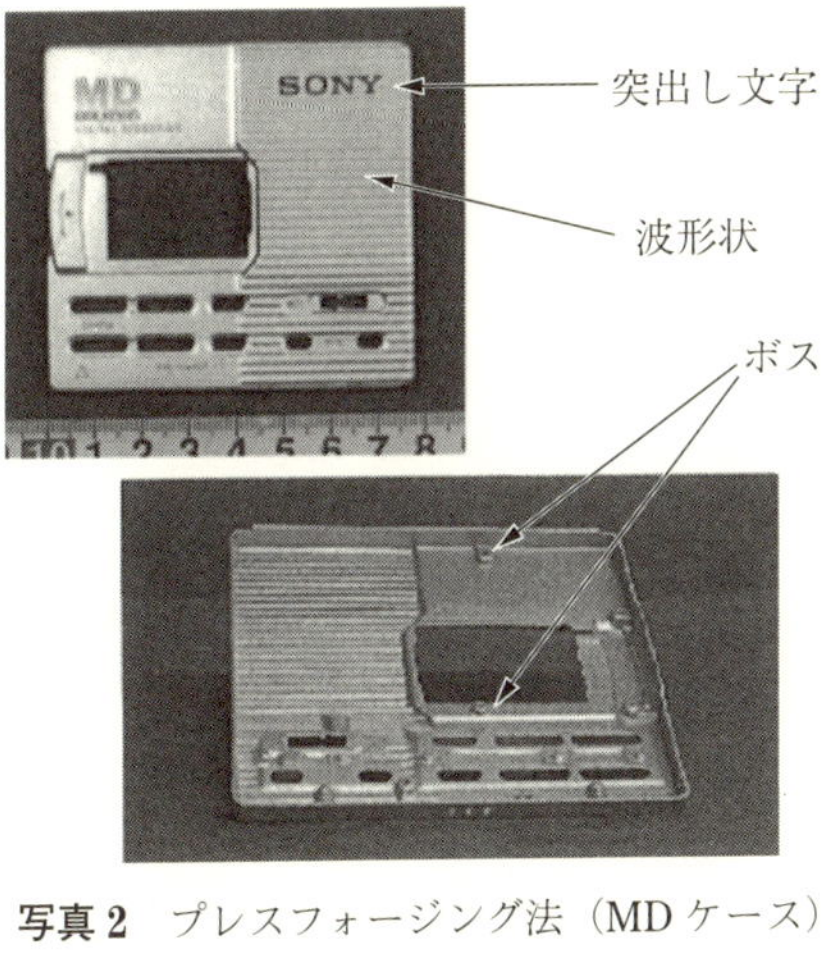

写真2　プレスフォージング法（MD ケース）

さらに防食処理が必要です。実際には、同じ工場で全工程が行われるのではなく、数か所の専門工場を移動し、原料投入から、製品になるまでは二週間以上と、小さくても完成までには、多くの手間と時間がかかります。前工程の鍛造成形時には、曲げおよび絞り加工も同時に行うので、従来の鍛造法より一歩進んだ方法として、プレスフォージング法と名付けられました。一九九九年秋、この製法でつくられたケースを装着した新型ＭＤプレーヤーが世に出たとき、関連団体から大きな注目を浴び、またその技術は日本および国際マグネシウム協会から高く評価され、技術賞が与えられました。

軽量ＭＤプレーヤーをさらに軽い超軽量と呼ばれるプレーヤーにするために、内部部品にも積極的にマグネシウム合金が使われました。適切な電気特性を有することも大きな理由でした。ドライブシャーシ、光ピックアップドライブなど、表面ほど外観品質や耐食性の要求が厳しくないものには、前述のダイカスト品は有効です。

最近のＭＤプレーヤー業界では、小型化、軽量化競争はさらに熾《し》烈になり、最新の機種の中には、当初一五ミリメートル以上あった厚さは一〇ミリメートル以下、本体重量も一〇〇グラム以上が七〇グラム以下と、厚さ、重量ともに三〇パーセント以上も低減されたものが開発され、小型化、軽量化は限界に近付きました。ケース用材料は、当初からのプラスチックやアルミニウムも多くの機種に使われており、なにを選ぶかはメーカーの製品戦略によります。今後もＭＤプレーヤーやほかの携帯用電子機器は、さらに高性能で、軽量の製品づくりが競われるでしょう。

眼鏡フレーム

眼鏡は眼に掛ける金属という意味でしょうから、メタルフレームが基本かもしれません。それでここでは、眼鏡フレームの代表、メタルフレームのつくり方をまとめましょう。

眼鏡フレームは、視力矯正、眼の保護を目的にしたレンズを保持するための医療用器具です。これは、図3に示すようにいくつかの部材によって構成されています。その部材は、ほとんどろう接、ろう付けによってまとめられ、眼鏡フレームになるのです。

おもな部材は、レンズを保持する①リム、フレームを耳やこめかみで保持するための②テンプル、さらに左右のリムをつなぐ③山、リムにレンズを装着、脱着させるための部品の④リムロック、テンプルを折り畳む部品の⑤蝶番、フレームを顔に安定させるための鼻あて部品の⑥鼻パッド、それを取り付けるための部品の⑦箱足、な

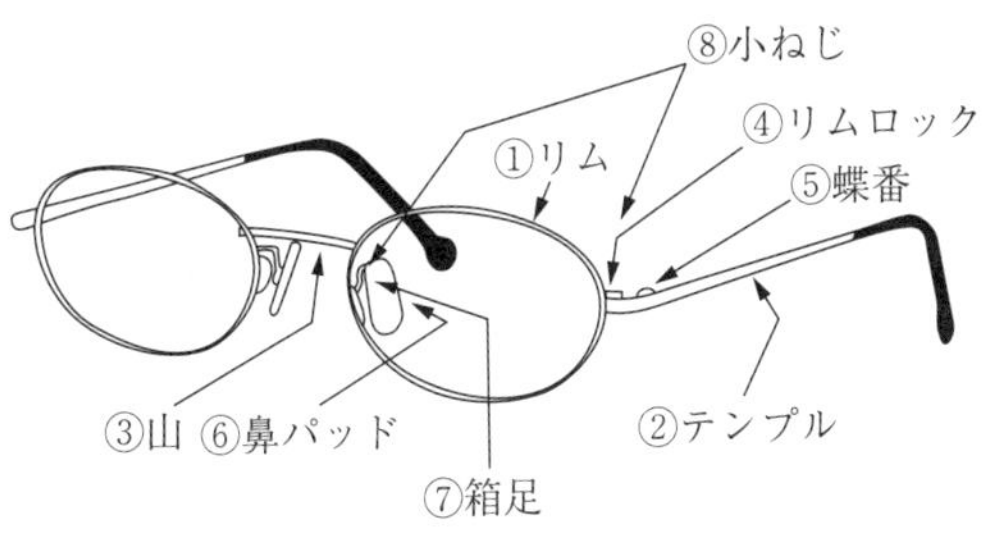

図3　眼鏡の部分呼称

どです。そのほかに脱着可能なために⑧小ねじも使われています。

眼鏡フレームは、顔に掛けるということから、特にそのファッション性が求められ、デザインは無限ですが、基本構成は変わりません。いずれも、リム、テンプル、山、パッド、蝶番など、基本的部品の形状は変わってもその働きを持つ部品は必要です。

まず、構成部材のつくり方を説明します。
①リム：丸線から圧延ロールによって、図4の形状に連続的に加工されます。丸線が、図5に示されるように、圧延ロールによってヤゲンといわれるレンズを固定する溝を持ったリム線になりま

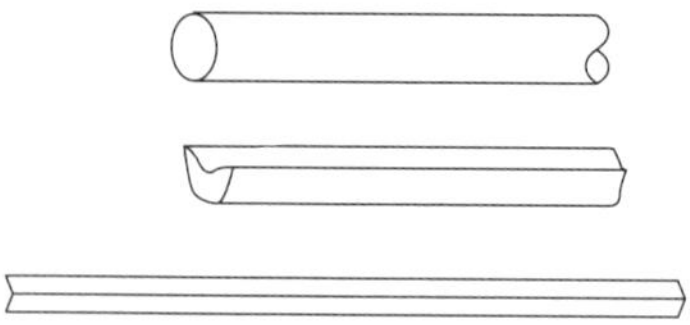

図4　丸線をリム線に

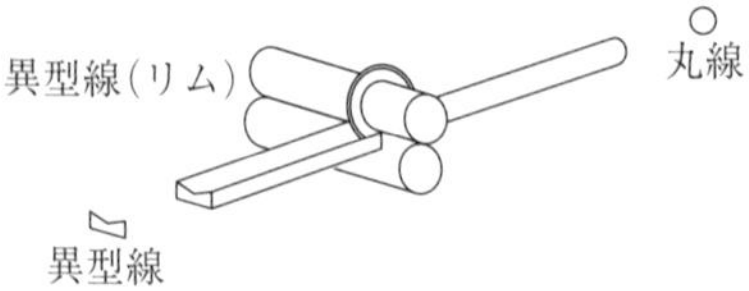

図5　リム線の圧延

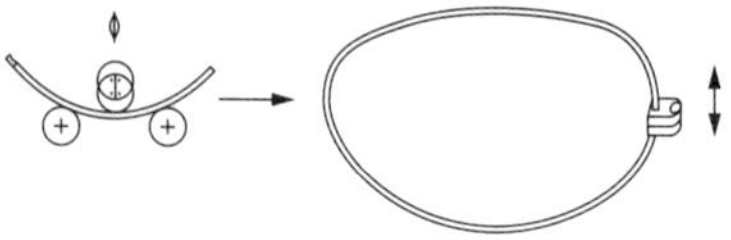

図6　リムの仕上り

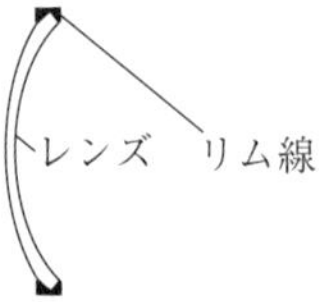

図7　レンズとリム線の関係

す。リム線は、レンズの形状、玉型に合う形に曲げられます。図6は、レンズを脱着する部品、リムロックが付けられたリムの仕上りの図です。この曲げ加工は、三次元曲げ加工といわれ、かなり難しい線材曲げ加工です。また、眼鏡のファッションで最も大切なレンズの外観形状は、この曲げ加工によってつくられます。五十年前には、円に近い形状のレンズしか加工できませんでしたが、いまは丸、オオバル、四角、三角に近いものなどが製作可能です。リムの玉型の多様性は眼鏡を楽しむ大きな要素です。レンズのヤゲンといわれる出っ張り部分がリムの凹み部分にはまって、レンズが落ちないのです。レンズの外周にリム線がぴったり合うことが求められます。

前から見えるリム、見え難い細いリムなど、サイズもファッションの大きな要素です。図7にレンズとリム線の関係を示しています。

②テンプル：眼鏡フレームを顔に装着するための大切な部材です。眼鏡フレームの掛け心地を決定する重要な部材です。丸線をスエージ加工といって、丸い線の直径を連続的に変化させ、断面積を変える加工です（図8）。二または三枚のダイスで周方向から叩き、線材の径を変えるのです。それを上下二枚の金型に入れ、硬貨をつくるようなコイニング加工で模様を入れると同時に、所定の寸法に仕上げます。図9はそのプレス加工です。仕上がったテンプルの一例が図10です。蝶番がろう付けされてテンプルの完成です。

このテンプルといわれる部品の材料は、眼鏡の装着感を決定することから、いろいろな材料が用いられています。表1にその種類を示してあります。チタンは、アレルギーから守ってくれ、金合金は装飾性の材料として最高のものです。形状記憶合金や、銅ニッケル合金も使われていますが、チタン材が最も優れた眼鏡材といわれています。

③山：丸線や直棒材をスエージ加工し、上下の金型でプレス加工します。ちょうど、コインの加工技術と似て模様を鮮明に出し、寸法を精度良く仕上げます。その後、リムに装着する部分を「コ」の形状に機械加工します。図11に加工工程を示します。

④リムロック：かまぼこ状の異型線から自動機でつくられます。代表的な例を図12に示します。端

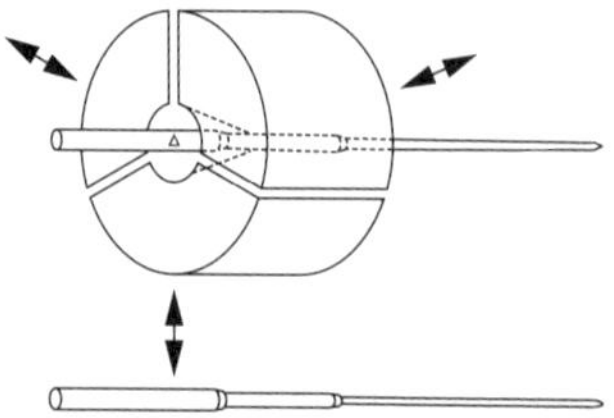

図8　スエージ加工

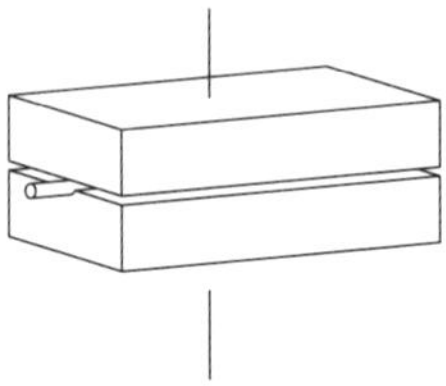

図9　プレス加工

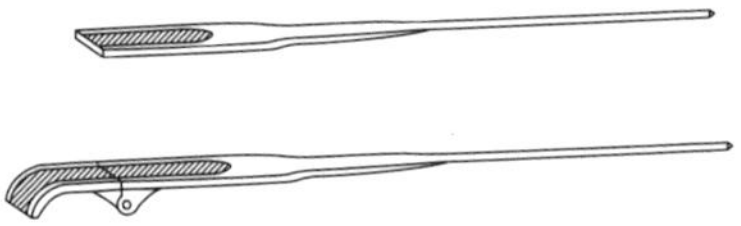

図10　仕上がったテンプル

表 1　眼鏡フレーム用のおもな金属材料

チタン系	純チタン	日本発世界へ。
	チタン合金 ・β型 ・α型 ・αβ型	純チタンの欠点を補うために開発され，その種類は大いに広がっていく。アレルギー対策として有効。
形状記憶合金 b	超弾性型 ・ニッケルとチタンの合金	日本で開発され世界に広まったが，特許をアメリカに押さえられていたため，一般化は，これからの合金。
銅ニッケル合金	洋　白	銅とニッケル，亜鉛の合金でヨーロッパが始まり。
	モネル	銅とニッケル，鉄の合金でリムにおもに用いられている。
ニッケルクローム合金	・スタープラチナ ・サンプラチナ	日本発の材料で一時主力の座にあったが，チタンの出現で特殊用途に限定。 日本の眼鏡業界を世界的な産地に高めたのは，このような特殊合金の開発のおかげ。
金合金	・K18 ・K14W ・K18W	6 000 年の歴史を有する金の輝きはいまも失われていない。W：ホワイトゴールドを表す。
金張り	センチュリーゴールド	芯材に純チタン，外層に金合金を張った，軽い金フレーム材。世界初。日本のみ。

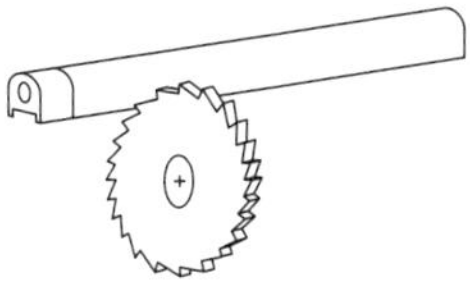

図 12　異型リムロック加工

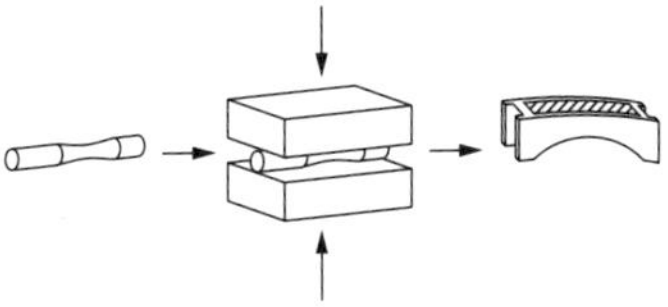

図 11　山の加工工程

面をリムに合わせるようにコの形状に切削し、リムとのろう接の強度とデザインを向上させます。リムロックがろう接されたリムとリムロックの様子を図13に示します。

⑤蝶番：これは、図14に示す火の玉形状の異型線材を圧延、もしくは、引抜きによってつくり、自動機で切削加工してつくります。眼鏡フレームの蝶番には、いろいろな形状、寸法がありますが、図15は代表的な例です。チタンのフレームでは、摩擦係数が高く、スムーズなテンプルの開閉が無理なので、摩擦係数の小さい洋白などでワッシャーをつくり、雌雄のかみ合せ面に挿入し、組立ててあります。雌雄のかみ合せの部品をねじで留め、テンプルに溶接、もしくはろう接

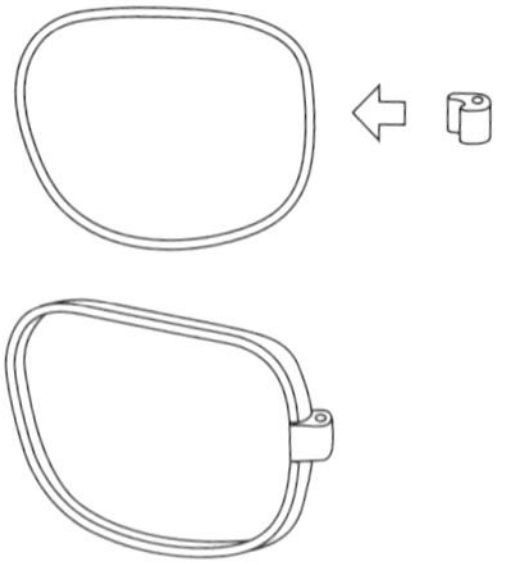

図 13　リムとリムロック

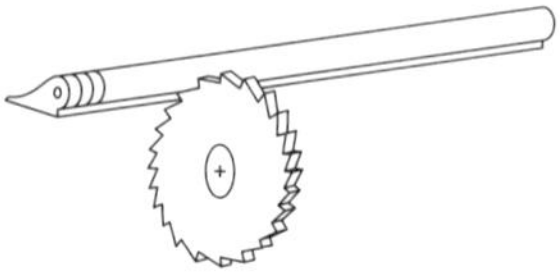

図 14　異型からの蝶番加工

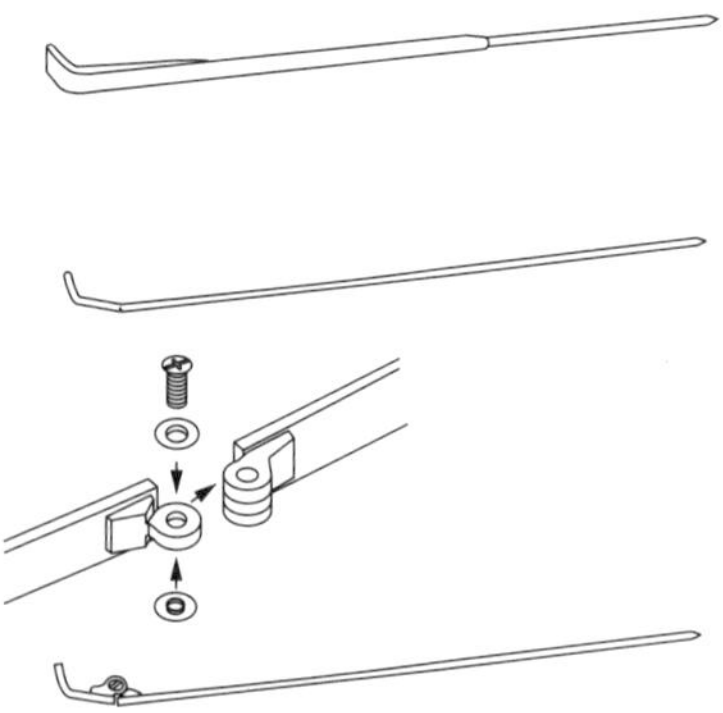

図 15　チタン蝶番の仕組み

して用います。

⑥鼻パッド：図16に示すもので、中に金属の芯があり、外はプラスチックでできています。左右形状は反対のもので一対です。フレームを鼻腔の上で支え、安定させる重要な役目を持っています。

⑦箱足：図16に示すように、四ミリメートル角の金属製の箱と微妙に曲がった線材でできた部品です。この箱に⑥のパッドを挿入し、ねじで留めます。鼻パッドは、箱の上で自由に角度が変わ

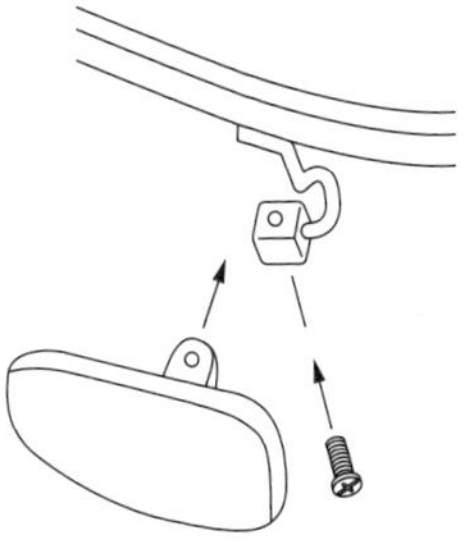

図 16　鼻パッドと箱足

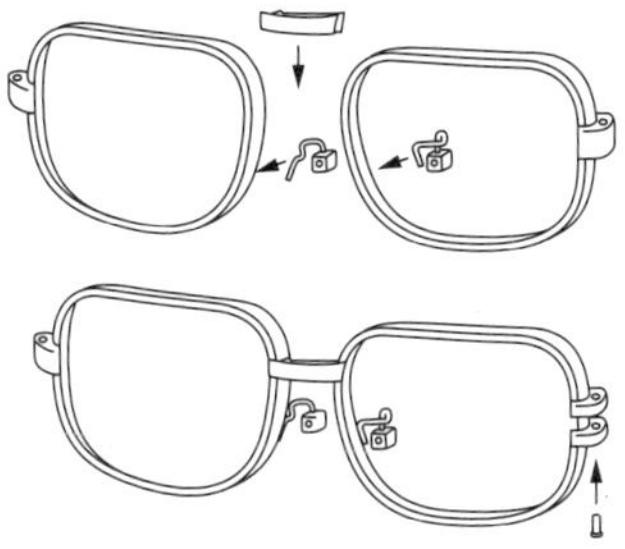

図 17　眼鏡の前枠

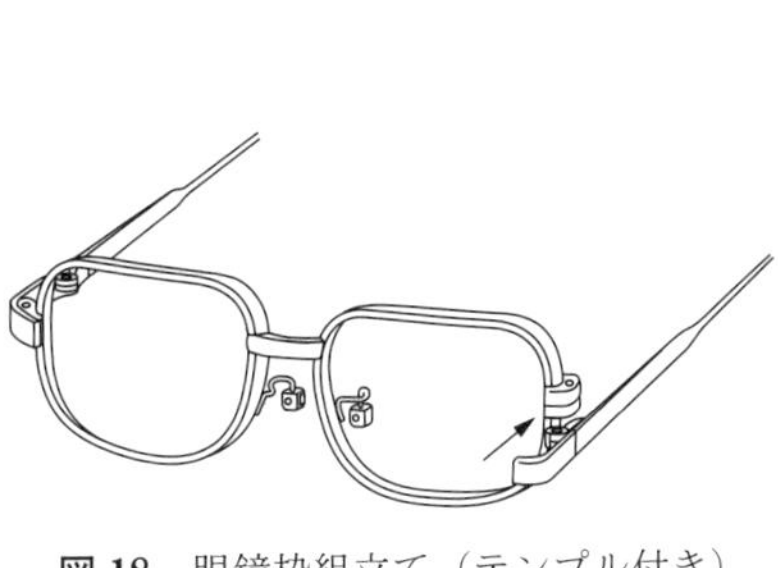

図 18　眼鏡枠組立て（テンプル付き）

り、鼻の上で眼鏡を安定させます。この箱足は、眼鏡を安定的に顔に装着するために重要な部品です。微妙な調整ができるように、線材は複雑な曲げ形状を持たせてあります。

これらの部品、部材は、ろう付けという方法で接合されます。接合された眼鏡フレームの前の部分、前枠が図17です。図18は、テンプルとリムの組立てられた様子です。

さらに小ねじも組上げに用いられています。図17に眼鏡フレーム用小ねじを示します。蝶番の結合、レンズ着脱のためのリムロックねじ、箱足に留めるパッド用のねじの三種類がおもですが、リムのないフレームでレンズを直接フレームに留める場合もねじを使います。

眼鏡フレームはこのような基本構造になっています。また、顔の中心に置かれるため、その美麗さにおいては最も高度なレベルを求められており、工芸的製品といわれています。近年、チタン、金合金など、正しく高度な技術と品質で日本の眼鏡フレームも世界の頂点に立っています。

世界で使われるレース用オートバイサスペンションばねの軽量化

オートバイのレースは世界各地で盛んに行われており、そこで培われたあらゆる技術は市販車に展開されています。ライダーはより安全で快適にオートバイの自由感覚を楽しめることを求めており、その性能を示すパワーウエートレシオはモデルチェンジのたびに低くなっています（図19）。

中でもサスペンションに課せられた役割は大きく、その仕上り具合が完成車の性能を大きく左右することがあるのです。

特に軽量化については、ここまでやればよいという限度はなく、ばね下重量（車体フレームを持ち上げてぶら下がる部分）を軽くすることは、タイヤと路面の接地力を増すことに役立ち、その結果、オートバイの操縦性向上に貢献します。ばね下重量を一〇グラム軽くすることは、ばね上重量を一〇〇グラム軽量化することに匹敵するといわれるぐらいです。

サスペンションは前輪を直接支えるフロントフォークとリヤアームを介して後輪を支えるリヤクッションで成り立っています（図20）。フロントフォークの上側は、ハンドルが直接取り付けられているために、前輪から受けるショックを和らげ、同時に前輪をしっかり支えるという重要な役割を果たさなくてはなりません。強い材料を使って必要な強度を保ちながら、軽量化する必要があります。フロントフォークの中でも最も重要な構成部材であるアウターチューブには、ジャンボジェット機に

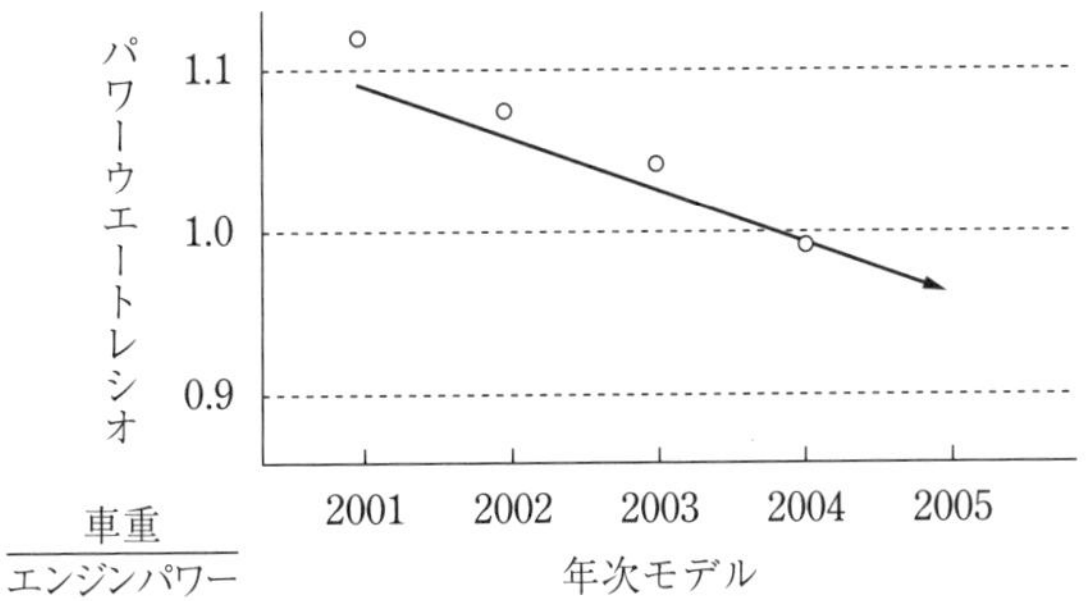

図 19　パワーウエートレシオ

も使われている超々ジュラルミンという最高級のアルミニウム材が使用されています。

リヤクッションは、最近のものはリンクを利用して車体中央、タイヤの前側に一本で使われることが多くなっています。タイヤのストロークの割には小さくコンパクトなものになっていますが、その分、大きな荷重を支えなくてはなりません。例えば、タイヤが三〇〇ミリメートルのストローク量に対してサスペンションは三分の一の一〇〇ミリメートルという具合です（図21）。この場合、車体を支えているリヤクッションについているばねの強さは、タイヤ付近につく場合に比べて、三倍もの強さが必要になり、そのままではばねは太く重くなってしまいます。ここでは、リヤクッション用ばねのつくり方と軽量化の方法についてご紹介しましょう。

ばねに必要な特性は、繰り返したわませても壊れない強度とオートバイの操縦特性にマッチングしたばね定数

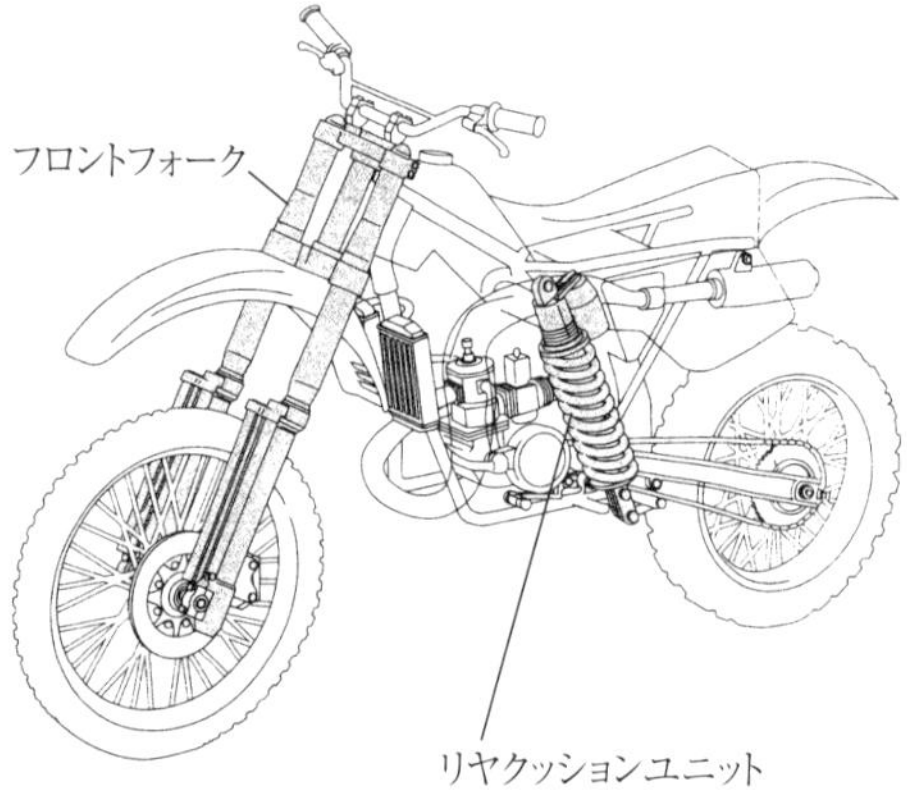

図 20　フロントフォークとリヤクッションユニット

です。軽量化のため、最小限の強度を満たすようになるべく細い線材を選びます。高性能向けのオートバイにはコスト高になりますが、高級な強い材料を選んだり、高い強度を得られるように材料の表面にショットピーニングという特殊加工を施します。ばね定数は繰り返しテストライダーによる実走テストを行って最適な特性を決め、コイル径と巻数を調整して求める特性を出します。たわみ量と外径は車体のレイアウトで決まりますので、これらの情報から、ばねの仕様が決まるわけです。

ロードレースに使われるばねを例にとると、図22に示すようなものになります。こんなに太い材料をどうやって成形するのでしょうか。その工程を図23に示します。

ばねの材料は、コイル状に巻かれたオイルテンパー線、ピアノ線というばね専用の高抗張力鋼が工場に入荷されます。材料はローラーによって専用の巻き線機（コイリングマシン）に押し込まれると、待ち構えているツールで材料

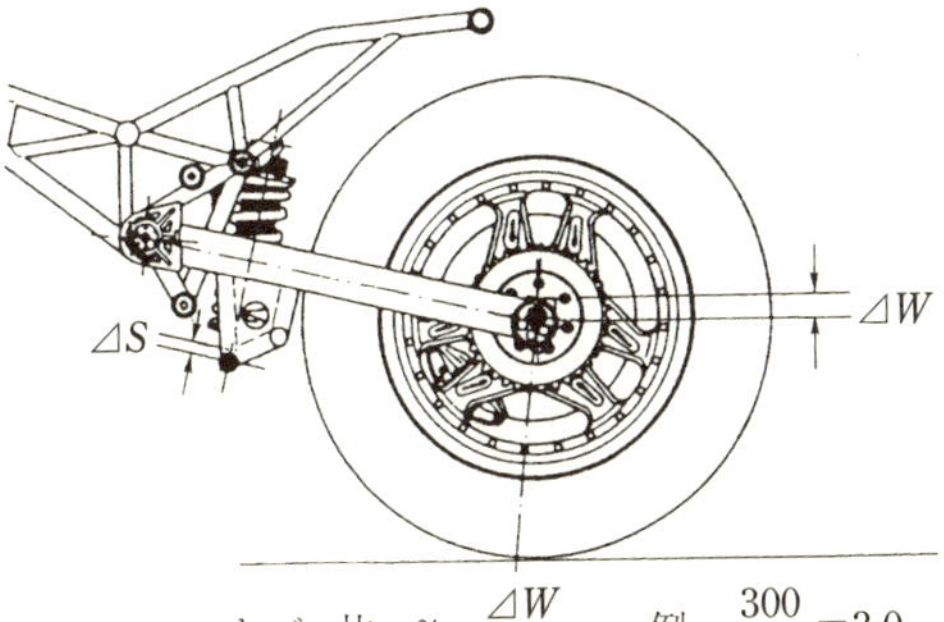

レバー比　$\gamma=\dfrac{\varDelta W}{\varDelta S}$　　例　$\dfrac{300}{100}=3.0$

図21　ダンパ変位の変化量⊿Sに対するリヤホイール変位の変化量⊿Wの比

の進んでゆく方向と角度を変えられ、このツールの動きとローラーの回転数を調整することでコイル径、ピッチ角（巻き角度）、巻数が自由に決められます。

オートバイ用のばねの両端はサスペンションに取り付けられたときにゆがみが出ないように、きちっと直角度を出しています。適正なばね特性を得るためのピッチ角ですが、両端だけは閉じられ、座面は後工程で研磨により平らに仕上げられます。両端を閉じる工程は、やはりコイリングマシンでツールの動きをプログラミングすることにより自動で行われます。

線材からばねに姿を変えた製品は、コイル成形をした際に材料の内部に悪さをする応力が残留しており、特にばねに使用する

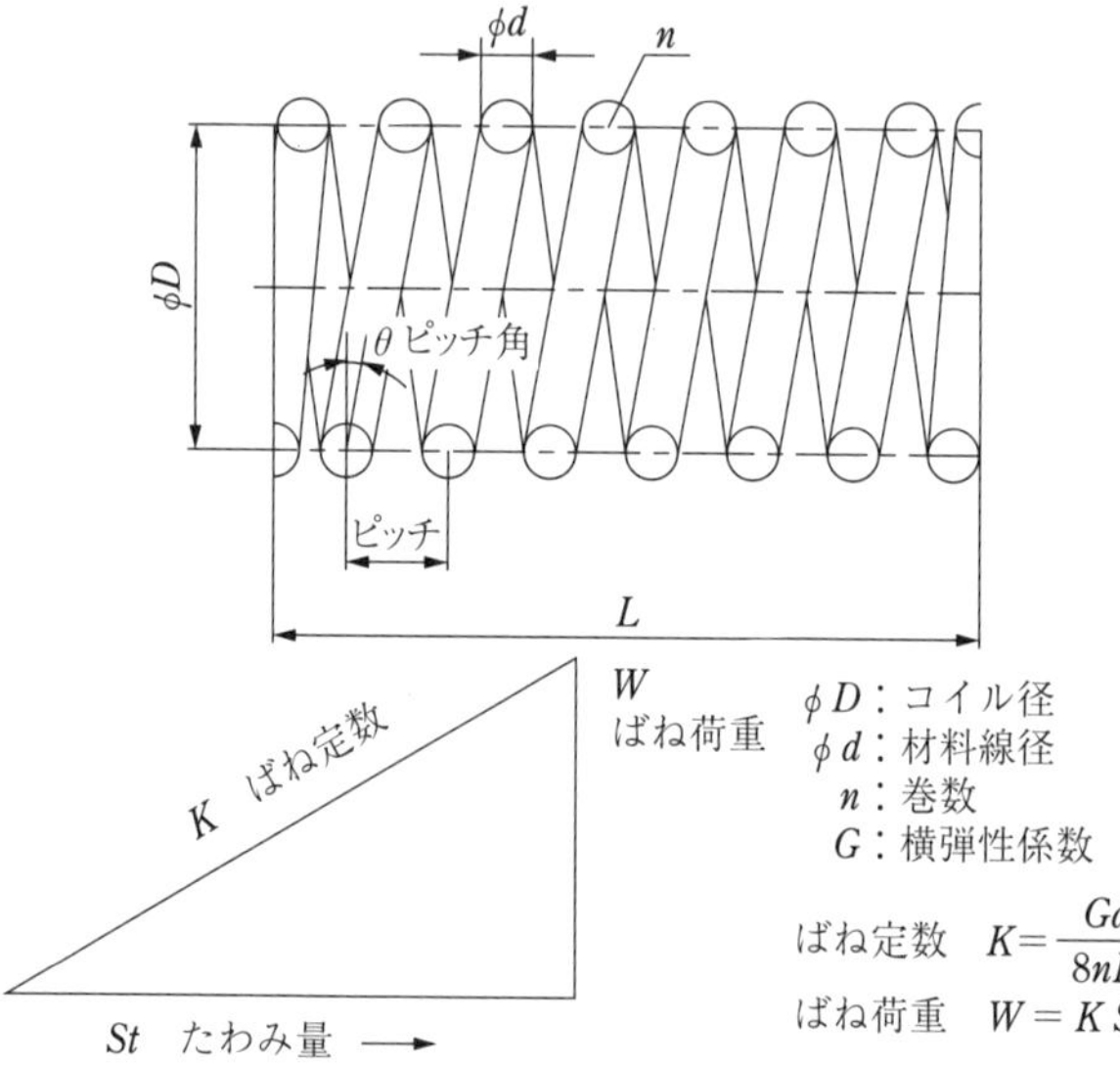

ばね定数　$K = \frac{Gd^4}{8nD^3}$

ばね荷重　$W = K\ St$

図 22　ロードレースに使われるばね

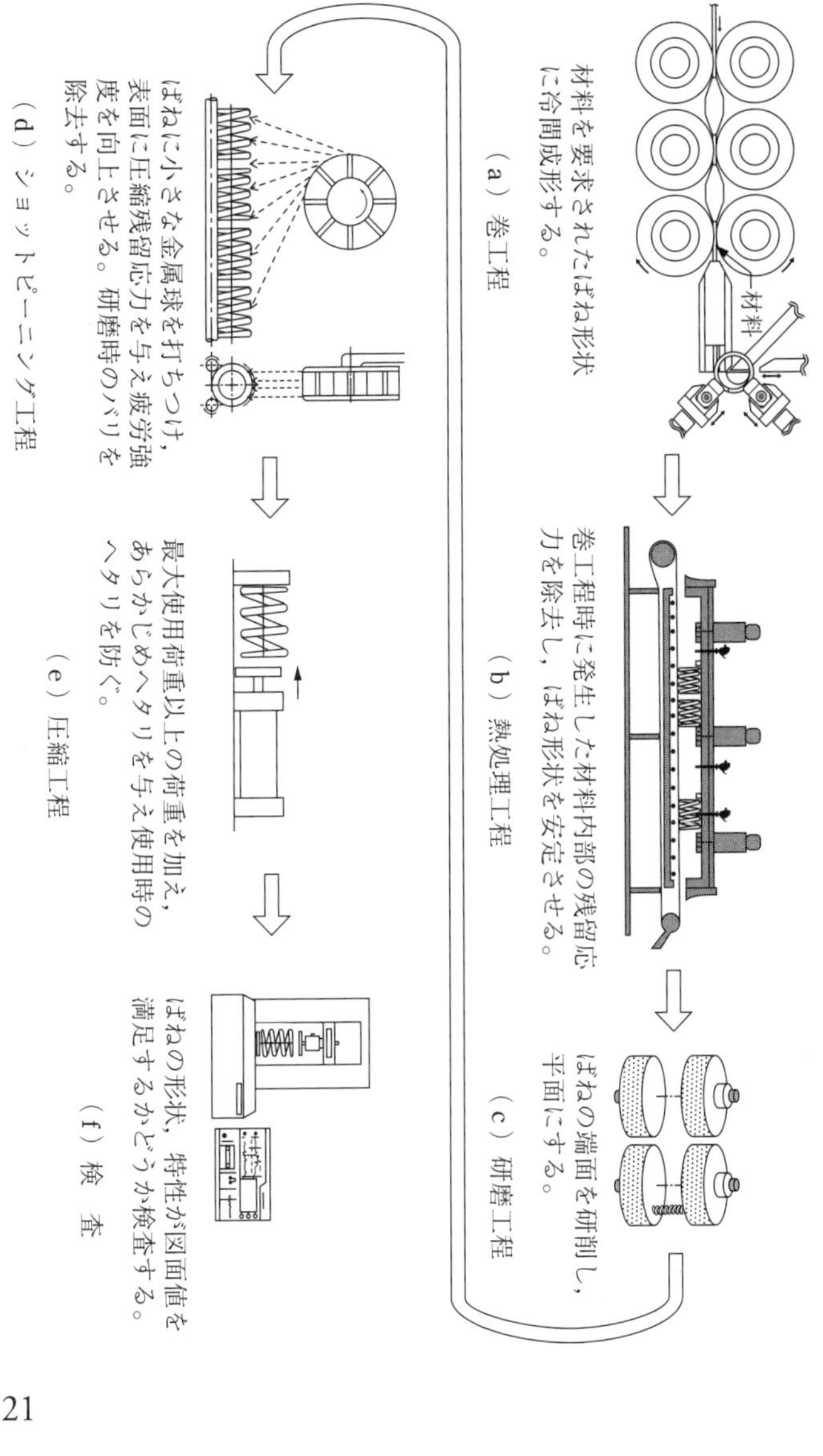
材料
材料を要求されたばね形状に冷間成形する。
（a）巻工程
巻工程時に発生した材料内部の残留応力を除去し，ばね形状を安定させる。
（b）熱処理工程
ばねの端面を研削し，平面にする。
（c）研磨工程
ばねに小さな金属球を打ちつけ，表面に圧縮残留応力を与え疲労強度を向上させる。研磨時のバリを除去する。
（d）ショットピーニング工程
最大使用荷重以上の荷重を加え，あらかじめヘタリを与え使用時のヘタリを防ぐ。
（e）圧縮工程
ばねの形状，特性が図面値を満足するかどうか検査する。
（f）検　査

図 23　ばね製造の工程

高抗張力材はこのままで使用すると破損の原因になってしまいます。悪さをする応力を取り除き、材料の状態を整えるために熱処理を行います。

また、強度の高い高級な材料ほど表面の傷には敏感で、これもちゃんと取り除いておくことが必要です。そのためにショットピーニング加工という処理を行います。ショットピーニング工程は、何万個という小さな金属球をじつに五〇～一〇〇メートル毎秒という高速で飛ばして製品にたたきつけることで材料表面の状態を整えます。それのみならず、超高速で金属球をたたきつけられたばねの表面には圧縮残留応力が発生し、これは引っ張り残留応力とは反対にばねを壊れにくくするのに大いに役立ち、材料の本来の強さを最大限に引き出すことができます。ショットピーニングの仕上り具合は、アークハイトという計測の方法で狙いどおりの処理が行われたかどうかを確認します。

このようにしてつくられたばねは、最後にオートバイのカラーリングにマッチングした塗装で美しく仕上げられ、オートバイの重要な機能部品という役割を持ってユーザーの元に送り出されるのです。ばねに使われる材料は多くは鉄ですが、レースの世界ではチタンなども使用されています。チタンは鉄の比重が七・九であるのに対して四・七で、一方、強度は少し低いのでばねにすると軽量化効果は四〇パーセントほどになります。まだ一般的ではありませんが、今後もオートバイ性能の向上のみならず、省エネの観点からもますます軽量化のニーズは高まると思われますので、このような夢の材料が市販化されるのも遠い未来ではないでしょう。

露のつかないアルミサッシ

夏に冷たいジュースをグラスに注ぐと、グラスの表面に露（水滴）がつきます。この現象を結露と呼び、空気中の水蒸気が、ジュースで冷やされたグラスに触れて凝縮し、露となります。これと同じように、寒い冬に室内を暖房すると、部屋の暖かい空気が、外気で冷やされた窓ガラスに触れて、結露を発生します。このように暖房した室内空間の中で最も冷たい場所がアルミサッシであることが多く、サッシのガラス面はもちろんアルミ枠にも結露が発生し、その結露で発生した水滴がたまり、床やカーテンなどを汚すという問題を起こしたりします。

では、この結露をなくすにはどうすればよいのでしょうか？

一つの方法は、部屋の空気の湿度を下げることです。換気を頻繁に行い、室内の水蒸気を逃がし、外の乾燥した空気を取り入れることで湿度を下げることが可能です。また、室内に水蒸気を発生させる元となる作業、例えば、炊事、お風呂、ストーブ、洗濯物干しなどを極力減らすことでも湿度を下げることが可能です。しかし、これらのことはそこで住む人の生活パターンや習慣を変えることになるため、変えたくない人、変えられない人もいます。また、北海道などの寒冷地では、外気温がかなり低くなるため、湿度を下げる努力をしても十分でない場合があります。

そこでつぎの手として、アルミサッシの断熱性を高めることで結露を防ぐ方法を考えます。

アルミサッシの断熱性を高めたものが、アルミ断熱サッシという名前で販売されています。通常のアルミサッシはアルミ形材だけでつくられていますが、アルミ断熱サッシは図24のようにアルミ形材の間に樹脂（プラスチック）が内と外を分離するように入り、熱を伝えにくい構造になっています。熱の伝わりやすさを表す値に熱伝導率という値があります。アルミと樹脂のこの値は表2のとおりで、アルミは樹脂のおよそ一〇〇〇倍も熱を伝えやすく、逆に樹脂はアルミの一〇〇〇倍熱が伝わりにくいことがわかります。この樹脂の性質を利用して、熱が伝

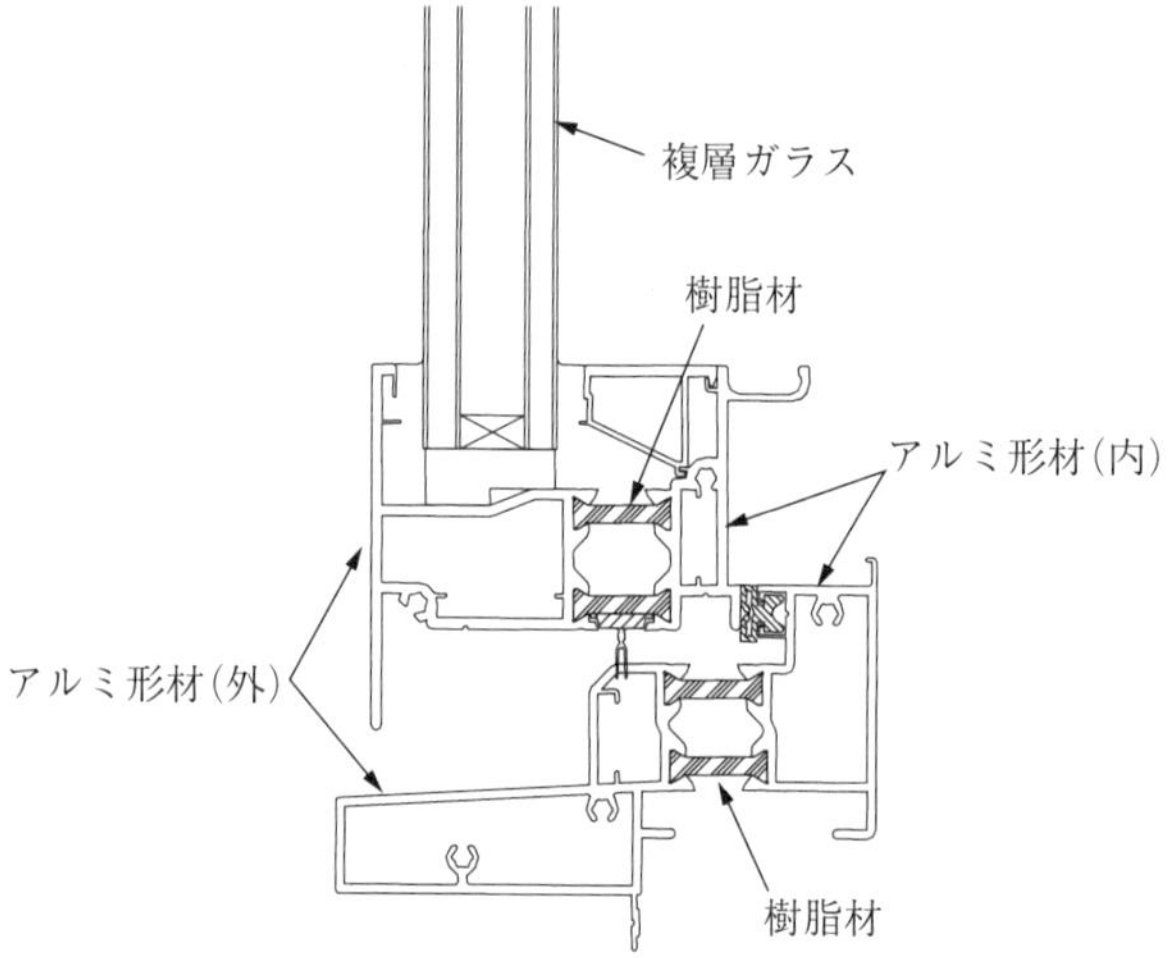

図 24　アルミ断熱サッシ

わりにくいアルミ形材、断熱形材が考えられました。

では、この断熱形材はどのようにつくられるのでしょうか？

アルミ形材は、アルミ材料であるビレットを加熱してダイスという断面形状を決める金型の中を押し通す、押出しという方法で、一定断面形状をもつ連続した長い形材をつくります。アルミ形材の一番の特徴として、この押出しという方法で自由な形をつくることができることが挙げられます。この長い形材は、持ち運びが可能な長さ、一般に六メートル前後に切断して使用します。

ここから先が断熱形材の製造で、図25に示す工程順につくられます。まず、アルミ形材を二種類用意し、樹脂材を入れるポケット部にナーリングと呼ばれる、ギザギザな傷をつけます〔工程Ⅰ〕。つぎに、それぞれのポケット部に二本の樹脂材を横手から挿入します〔工程Ⅱ〕。この後、樹脂材の入ったポケット部の外側のアルミ爪を倒すために、幅の狭い二枚の金属製ローラーの間を通らせて、全体を一体化します〔工程Ⅲ〕。この際に工程Ⅰで付けたナーリングが樹脂材に食い込み、しっかりと一体化された断熱形材になります。アルミ断熱形材は、ずれにも、曲げにも強く、強度面で安定した品質をもちます。

アルミ形材は表面処理を行うことで、高い耐食性（さびにくい性質）を持たせることができます。アルミ断熱形材も同じように表面処理を行い、製品にします。また、樹脂材にはポリアミドや

表2　材料の熱伝導率

材　料	熱伝導率〔W/mK〕
アルミ	210.0
樹　脂	0.2
ガラス	1.0

ポリ塩化ビニルなどが使われています。

つぎにこの断熱形材から製作した断熱サッシの性能と特徴について述べます。

断熱サッシの断熱性能に関しては、日本工業規格（ＪＩＳＡ四七一〇）に規定された試験方法で熱貫流率Uを求めます。サッシには、引き違い窓やＦＩＸ（はめ殺し）窓などさまざまな種類があり、おのおの断熱性能が異なりますが、形材の構成と使用するガラスの組合せにより、断熱性能を

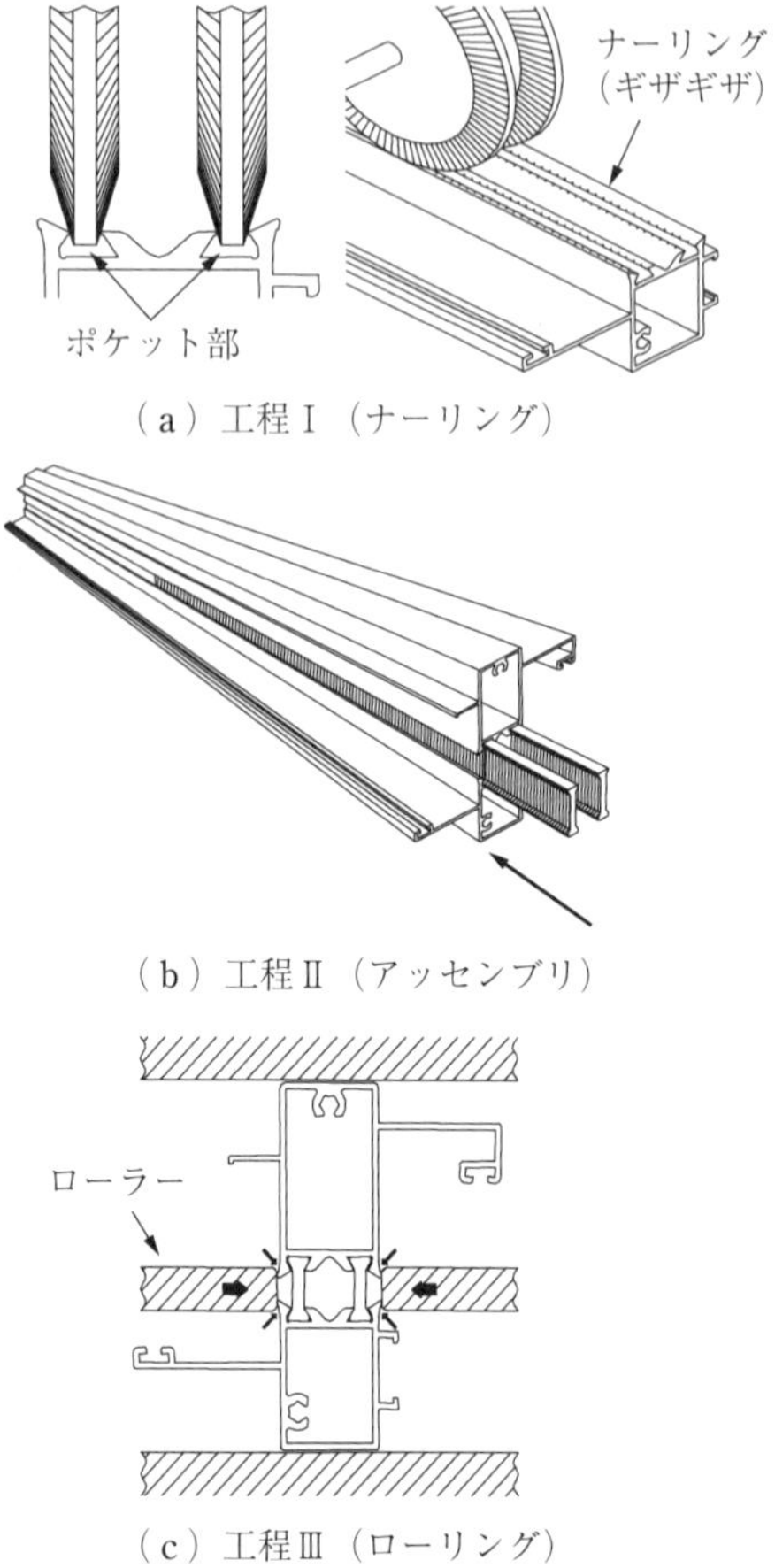

（a）工程Ⅰ（ナーリング）

（b）工程Ⅱ（アッセンブリ）

（c）工程Ⅲ（ローリング）

図 25　断熱形材の製造工程

分類した一例を図26に示します。熱貫流率の値が小さいほど熱を通過させにくいことを表します。最近は、省エネルギーの意識が高まり、寒冷地といわれる北海道や東北に限らずに、首都圏などの都市部でも断熱サッシが採用されるようになってきました。断熱サッシには、二枚のガラスの間に空気の層をもった複層ガラスが使われます。

アルミサッシの断熱性能が高くなると、サッシ部、ガラス（複層ガラス）の表面温度が室内温度

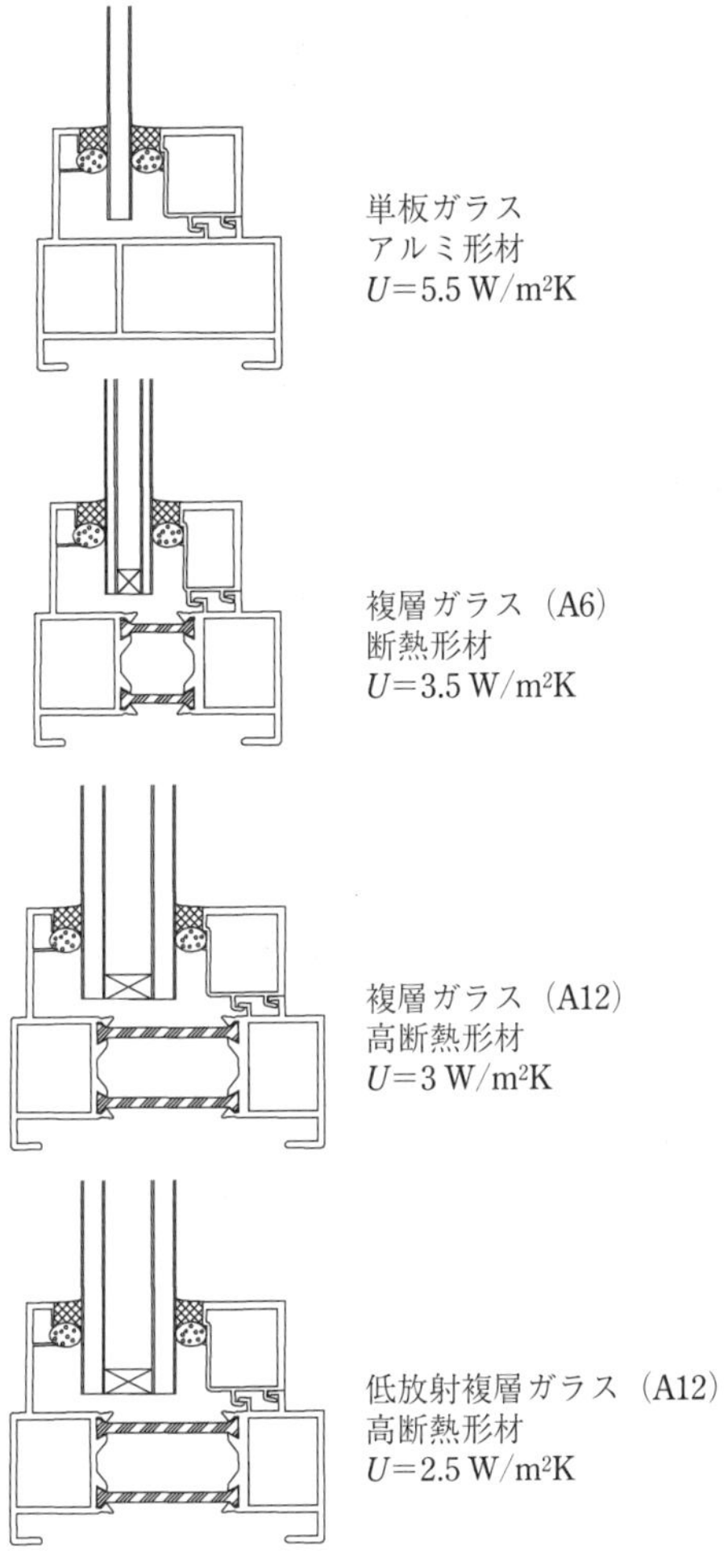

図 26　断熱サッシ構成と断熱性能

に近付き、結露を起こさなくなります。結露によるガラスのくもりや結露した水のふき取りなど、これまでのアルミサッシの不快な部分が解消されるのです。

これまではおもに冬場の断熱サッシについて述べてきましたが、夏場においても熱を伝えない特徴が生かされ、冷房費の節約になります。この意味において、断熱サッシは地球温暖化抑制のために貢献できる省エネサッシとしても期待されています。

液体でつくる自動車フレーム

私たちが普段見たり、乗っている自動車には、そのデザイン、走行性能、また機能によりいろいろな形がありますが、その骨組み（以下、フレームと記す）については、あまり知られていないと思います。図27に、自動車におけるフレーム構造の一例を示します。一般に、図(a)をボディー（上屋）、図(b)をプラットフォーム（車台）、図(c)をサスペンションメンバーと呼んでいます。

ボディーは、乗員の居住空間や荷室の確保とその保護、プラットフォームは、ボディーを支えるとともにエンジンや動力伝達装置、懸架装置、かじ取り装置、制動装置、走行装置の搭載、サスペンションメンバーは、プラットフォームと車軸（アクスル）を結合させたり、路面からの振動、衝撃を緩和し、乗り心地をよくする懸架装置（サスペンションシステム）を支えているといった、それぞれの構造機能を持っています。なお、一般の乗用車では、ボディーとプラットフォームが一体となったモノコックボディー構造と呼ばれているものが主流です。

ところで、このような自動車フレームはどのようにつくられているのでしょうか？ 図28に、フレームの一般的な断面形状を示します。これらのフレーム形状は、従来、鋼板をプレスした成形品

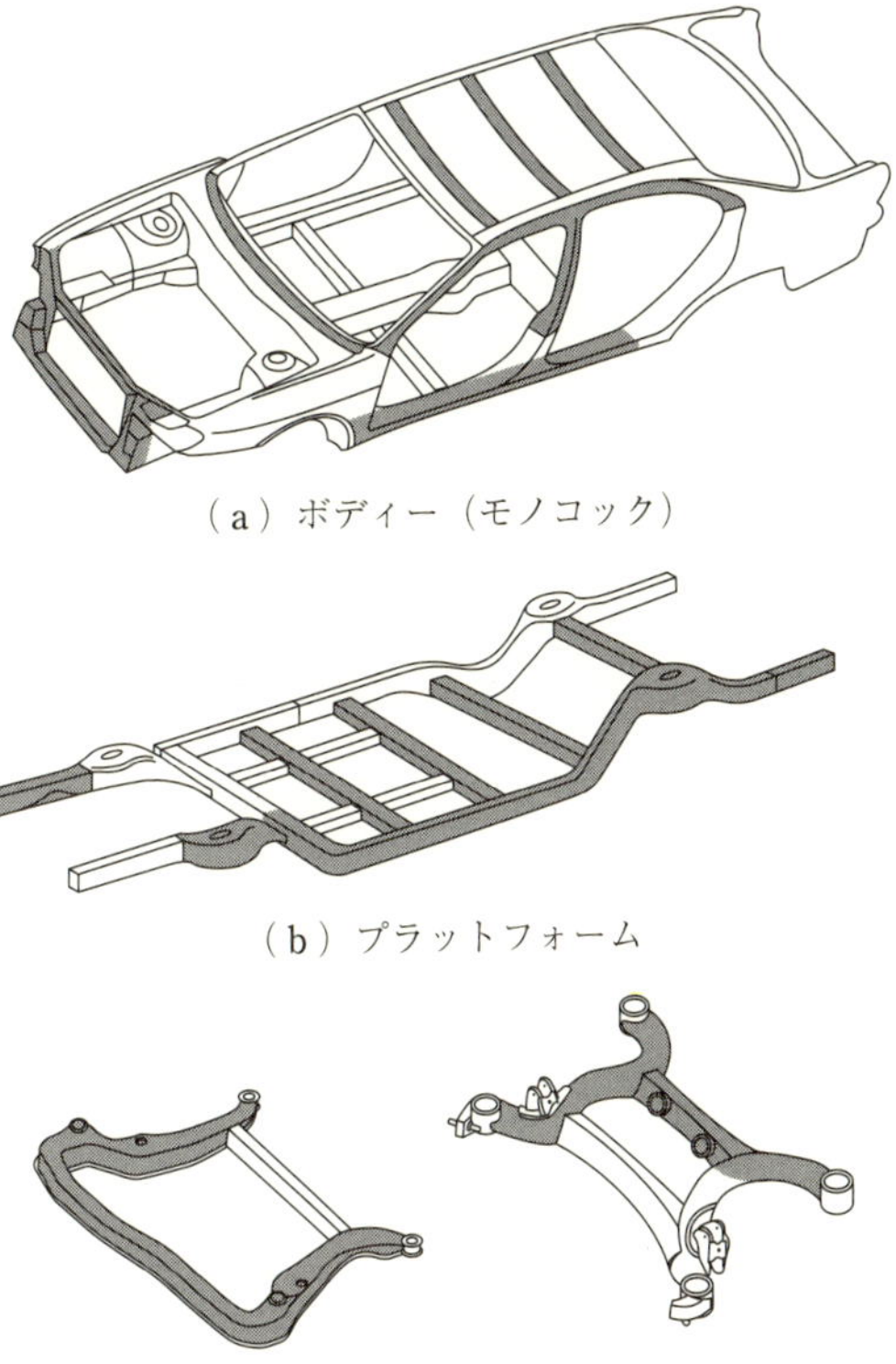

（a）ボディー（モノコック）

（b）プラットフォーム

（c）サスペンションメンバー

図27 自動車フレーム例

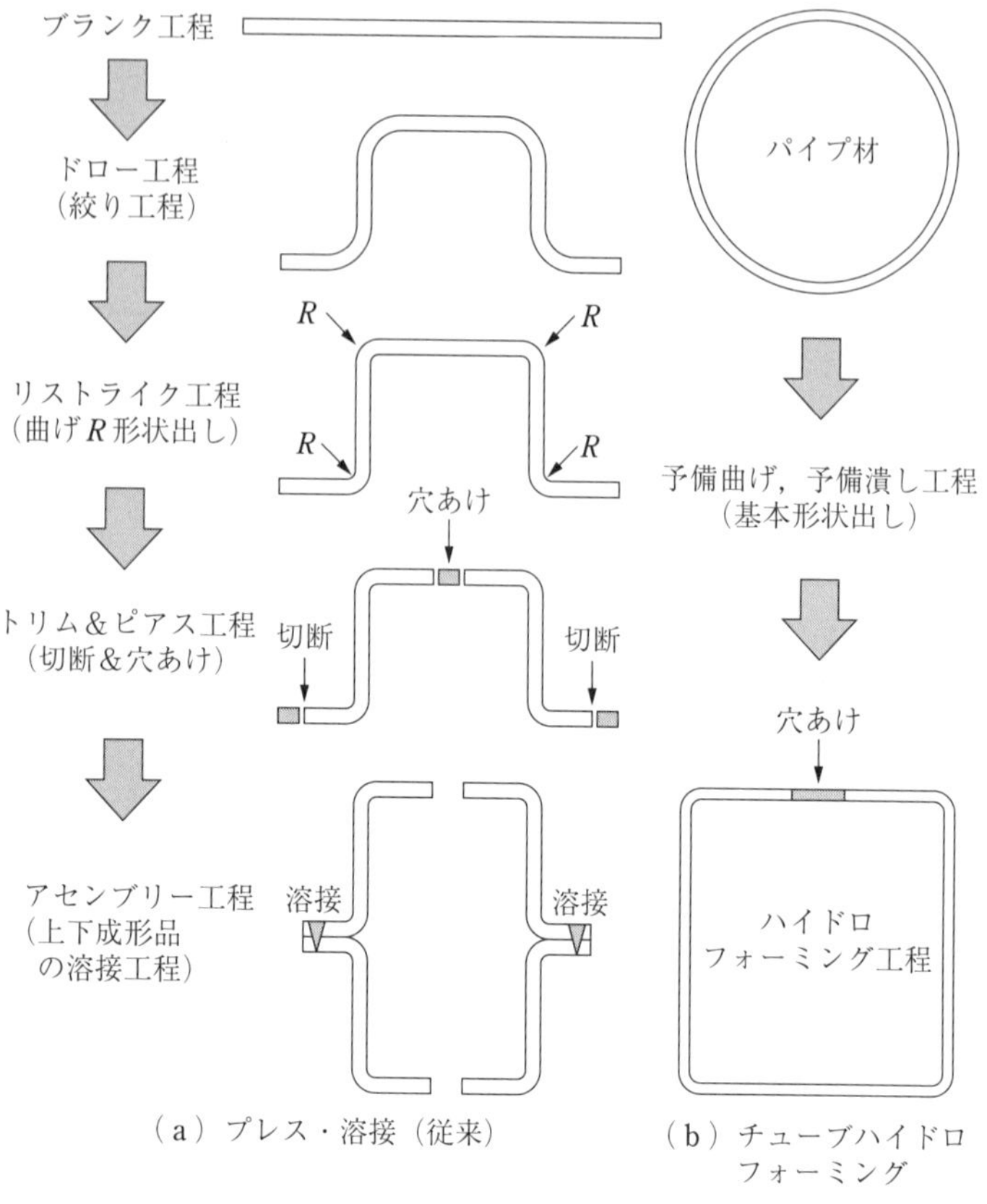

図 28 自動車フレーム断面形状と製作工程比較

どうしを溶接してつくる方法〔図28（a）〕が一般的でありましたが、近年、チューブハイドロフォーミングと呼ばれる工法により成形が行われるようになって来ました〔図28（b）〕。すなわち、パイプ（チューブ）を液体（ハイドロ）で成形する（フォーミング）方法で、バルジ成形ともいい、パイプをおもに、水で膨らまして成形する方法です。図27のハッチング部位が、おもな自動車フレームへの適用対象部位となっています。

パイプ（チューブ）は、流体等の輸送、構造用、熱交換用として、古くはほとんど加工されることなく使用されていましたが、やがて、管楽器や自転車の加工技術の発展とともに、パイプの二次加工（チューブフォーミング）技術が必然的に発展を遂げてきました。この技術の一つであるチューブハイドロフォーミングは、パイプの液体による複合加工技術です。

それでは、なぜチューブハイドロフォーミングなのでしょうか？　近年、地球環境問題における温暖化防止策として、自動車のCO_2排出量削減が問題となっています。そこで、自動車の燃費向上を実施するために、エンジン燃焼効率の向上や、自動車走行抵抗の低減が課題となっています。この方策の一つとして自動車重量の軽減が必要となっています。つまり、車の重量を軽くして燃費を向上させ、走行時のCO_2排出量を削減しようということです。そして、この軽量化に寄与できる工法の一つとして、チューブハイドロフォーミングが挙げられます。

図28に、従来のプレス溶接でつくられた自動車フレームの断面、およびチューブハイドロフォー

ミングでつくられた断面がありますが、これらを重ね合わせたものを図29に示します。従来のプレス溶接断面形状は、溶接フランジ部を有する断面の合せ構造によりフレームの閉断面構造を形成しているのに対し、パイプを用いて成形したチューブハイドロフォーミング新閉断面形状では、フランジ部まで断面形状の拡大が可能なこと、および成形に伴う材料の加工硬化により、従来の断面より強度や剛性をアップできることから、その分、板厚の低減が可能となり、軽量化が可能となります。このほかにも、従来のつくり方に対し、液圧付加成形による材料への比較的均一な応力分布による部品寸法精度の向上、部品の一体化による工程数（金型数）の削減、フランジそのものの廃止による材料歩留りの向上と材料費の低減、溶接部位の削減等のメリットもあります。

そもそもこの技術は、一九五〇年代後半から一九六〇年代にかけて、日本の工業技術院名古屋工業試験所と財団法人自転車技術研究所（いずれも当時）が実用化した技術です。自動車フレームへのチューブハイドロフォーミング適用事例が紹介されはじめたのは、欧米を中心とした一九九〇年代半ばからであり、わが国においても一九九九年にサスペンションメンバーやボ

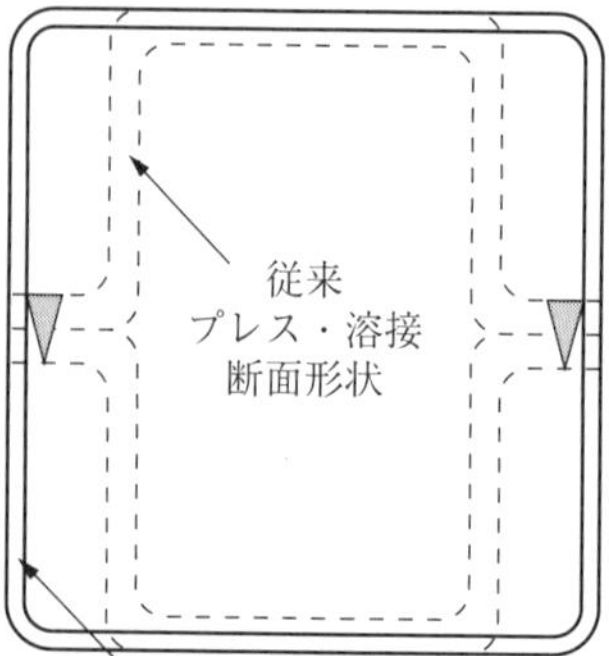

図 29　チューブハイドロフォーミングの軽量化メリット

ディー部品への適用が実施されており、冒頭の図27に示すハッチング部が、各国のこれまでのフレームへの適用部位、および今後の適用可能想定部位を示しています。

本工法の成形方法とその装置を図30に示します。成形形状を有する金型にパイプを入れ、型締め後、金型の両サイドに設置した軸押し装置（軸押しシリンダー）先端に取り付けた軸押しシールポンチでシールした後、シールポンチ先端からパイプ内に液圧（水）を付加し、パイプ端を軸方向に押してパイプをつぶしながら成形を行います。

チューブハイドロフォーミングの成形原理を、図31に示します。従来のプレス成形では、板材を型締め力により雌雄形状をした上下金型で成形するのに対し、チューブハイドロフォーミングでは、パイプ材を型締め力とパイプ内側からの液圧とで成形し、雌雌の上下金型に貼り付ける成形です。また、パイプ材には、一定の伸びがありますが、膨らまし成形されていく過程で、パイプの板厚が薄くなり破断するのを避けるため、パイプ端より軸方向に圧縮荷重を加え、パイプの板厚を増肉させるとともに、その増肉分の材料を膨らます形状部へ流動させながら成形します。本成形では、拡管率と呼ばれる成形後のパイプ周長変化率がパイプの周方向における成形の度合いを表す指標となります。成形する材料は、用途に応じ、鋼管やアルミ押出し材等を使います。

つぎに、成形時の成形条件の設定例を図32に示します。これは、成形時間に対する液圧上昇と軸押しのタイミング、および量を表しています。これらのタイミングが悪い場合、成形品に破断、座

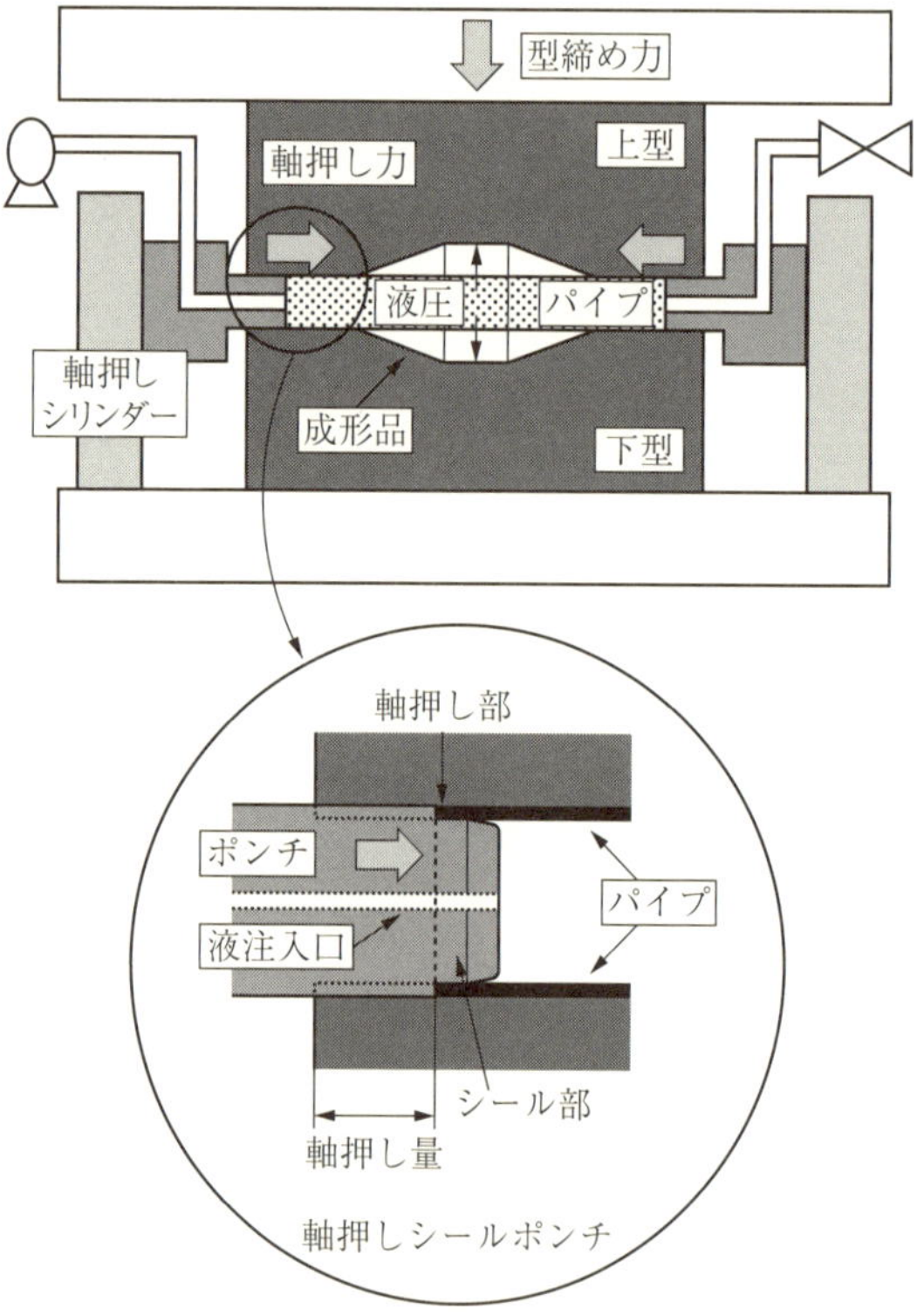

図 30　チューブハイドロフォーミングの成形装置

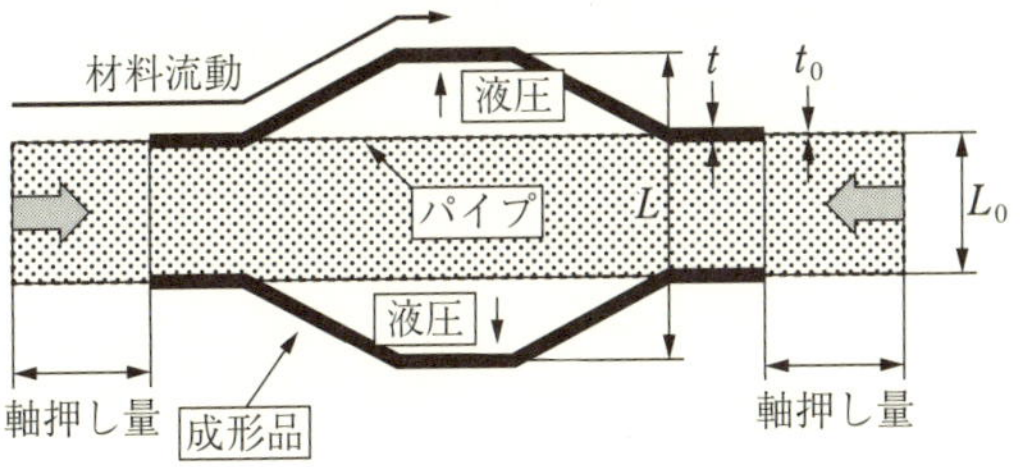

L_0：パイプ周長　　t_0：パイプ板厚
L　：成形拡管周長　t　：成形品板厚

拡管率〔%〕（周長変化率）$= \dfrac{L - L_0}{L_0} \times 100$

図 31　チューブハイドロフォーミングの成形原理

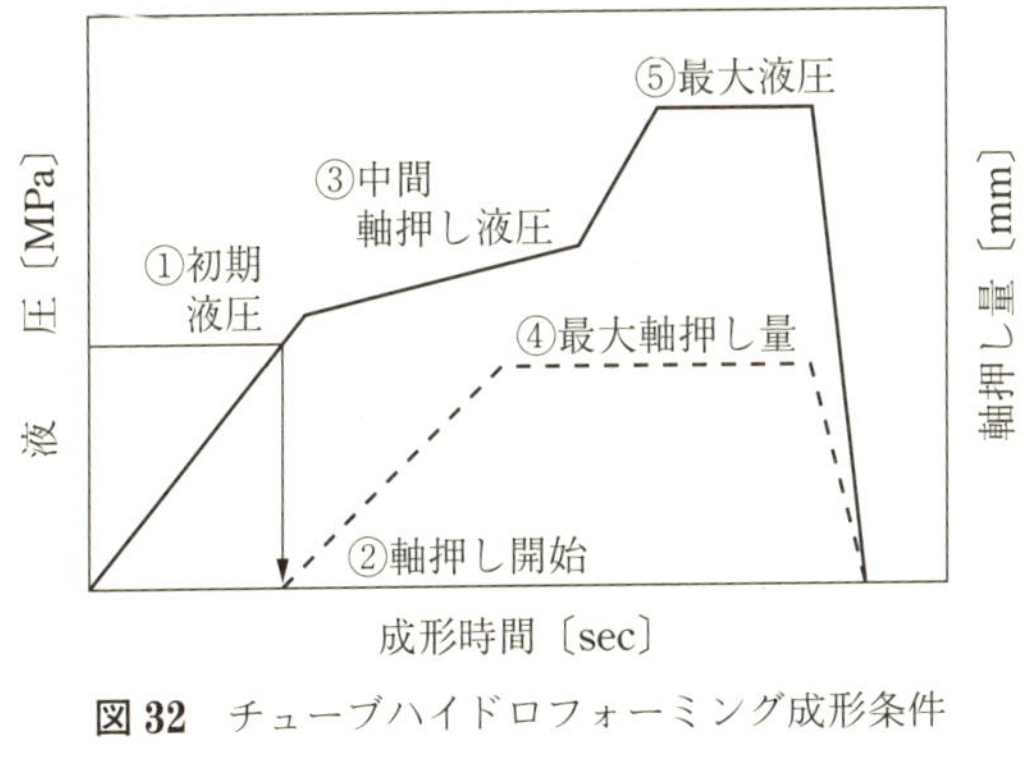

図 32　チューブハイドロフォーミング成形条件

屈が生じるため、図32の、①から⑤の量とタイミングがポイントとなり、これらの設定法は、部品形状、材料特性、パイプ径、板厚等により異なります。成形する液圧力は、比較的低圧で成形する場合と、高圧で成形する場合とがありますが、高圧の場合、一〇〇メガパスカル（一〇〇ニュートン毎平方ミリメートル）以上の液圧で成形されます。これは、私たちが生活している大気の圧力が一気圧（一〇一三ヘクトパスカル）であるのに対し、約一〇〇〇倍ほどの高い圧力となります。この高い液圧力を利用すると、図32の⑤の最大液圧時におけるタイミングで、

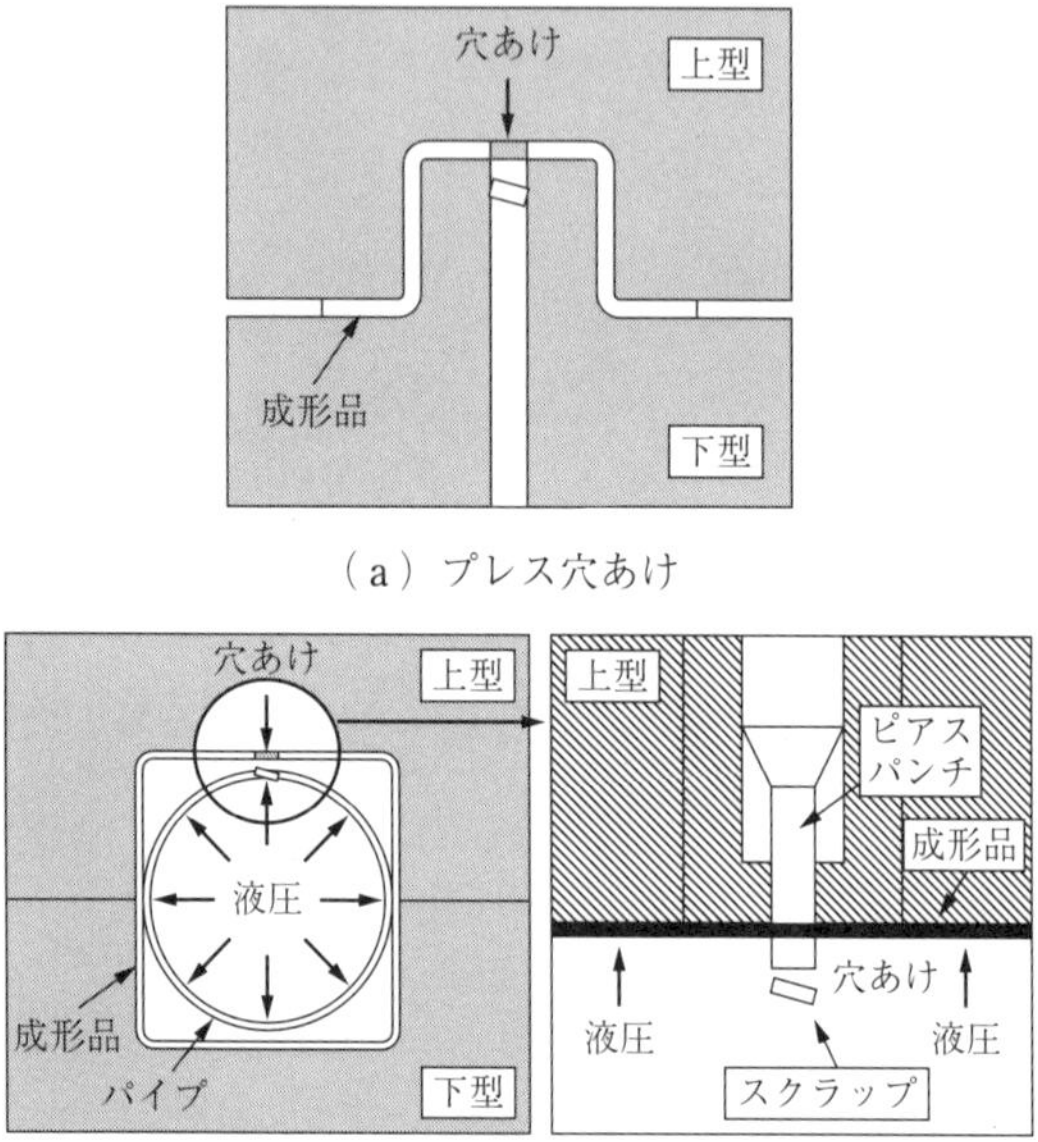

（a）プレス穴あけ

（b）チューブハイドロフォーミング穴あけ

図 33　プレス穴あけとチューブハイドロフォーミング穴あけ

図33に示すようなハイドロフォーミング穴あけも可能です。

このように、チューブハイドロフォーミング技術は、従来のプレス工法に対し、材料、設計、製造プロセスに着目し、自動車軽量化や省工程に寄与できる工法の一つとして、近年、国内外で注目されている技術です。もっと詳しく知りたい方は、日本塑性加工学会編「チューブフォーミング」（コロナ社）を参考にしてください。

【引用・参考文献】

工業技術院名古屋工業技術試験所：「名古屋工業技術試験所二十五年史」（一九七八）

骨までしゃぶれる使用済み自動車

皆さんは乗用車が好きでしょう。乗用車は、全国で約五千三百万台あります。この中の約五百万台が毎年廃車になります。廃車は最近では使用済み自動車といいます。使用済み自動車には、十年以上も乗り回されたものや、一年以内に事故でつぶれてしまったものなどいろいろあります。これらはそのまま放置されると、エンジンオイルやクーラントといった液類が漏れ出してきたり、鋼のボディーはさびて朽ち果ててしまい、環境破壊にもつながります。

そこで、二〇〇五年の初めから、自動車リサイクル法が施行され、使用済み自動車は適切に処理され、リサイクルされるようになります。この法律は、エアコン用のフロンガスの回収、エアバッグの取りはずしと適正処理およびシュレッダーダスト処理のための費用を自動車の使用者が前もって払っておくという制度です。その内容はこれからのリサイクル工程の中で説明しましょう。

それでは具体的にどのようにリサイクルされるか見てみましょう。

リサイクルには四つのレベルがあります。一番上のレベルはそのまま再利用で、自動車の場合は中古車として使用することを意味します。二番目のレベルは部分的再利用で、車のある部分を中古部品として使用することです。三番目のレベルはマテリアルリサイクルと呼ばれ、素材として再利用することです。一番下のレベルはサーマルリサイクルと呼ばれ、燃やして熱として利用することです。

一番上の中古車としてのリサイクルは別として、二番目のレベル以下の処理工程を図34に示します。

（一）　液抜き工程

自動車には、ガソリン、エンジンオイル、ブレーキオイル、トランスミッションオイル、ロングライフクーラントなどの各種液体が使われています。また、エアコン用にはフロンガスも使われています。ガソリンは引火性がありますので、丁寧に抜き取らなければなりません。通常はガソリンタンクに穴をあけて抜き取りますが、そのときに火花がでないように注意が必要です。

エンジンオイルはオイルパンの底にあるドレインコックをあけて流し出すか、あるいは、オイルゲージの穴から吸引して抜き取ります。しかし、エンジンオイルは粘性が高くて流れにくいので、完全に抜き取るにはかなり時間がかかります。抜き取る直前に少しだけエンジンを動かして暖めておくと比較的流れやすくなります。

ブレーキオイルやトランスミッションオイルはさらに流れにくいので、圧力をかけて流し出します。ガソリンは中古ガソリンとして使われることもありますが、たいていはほかのオイル類と混ぜ合

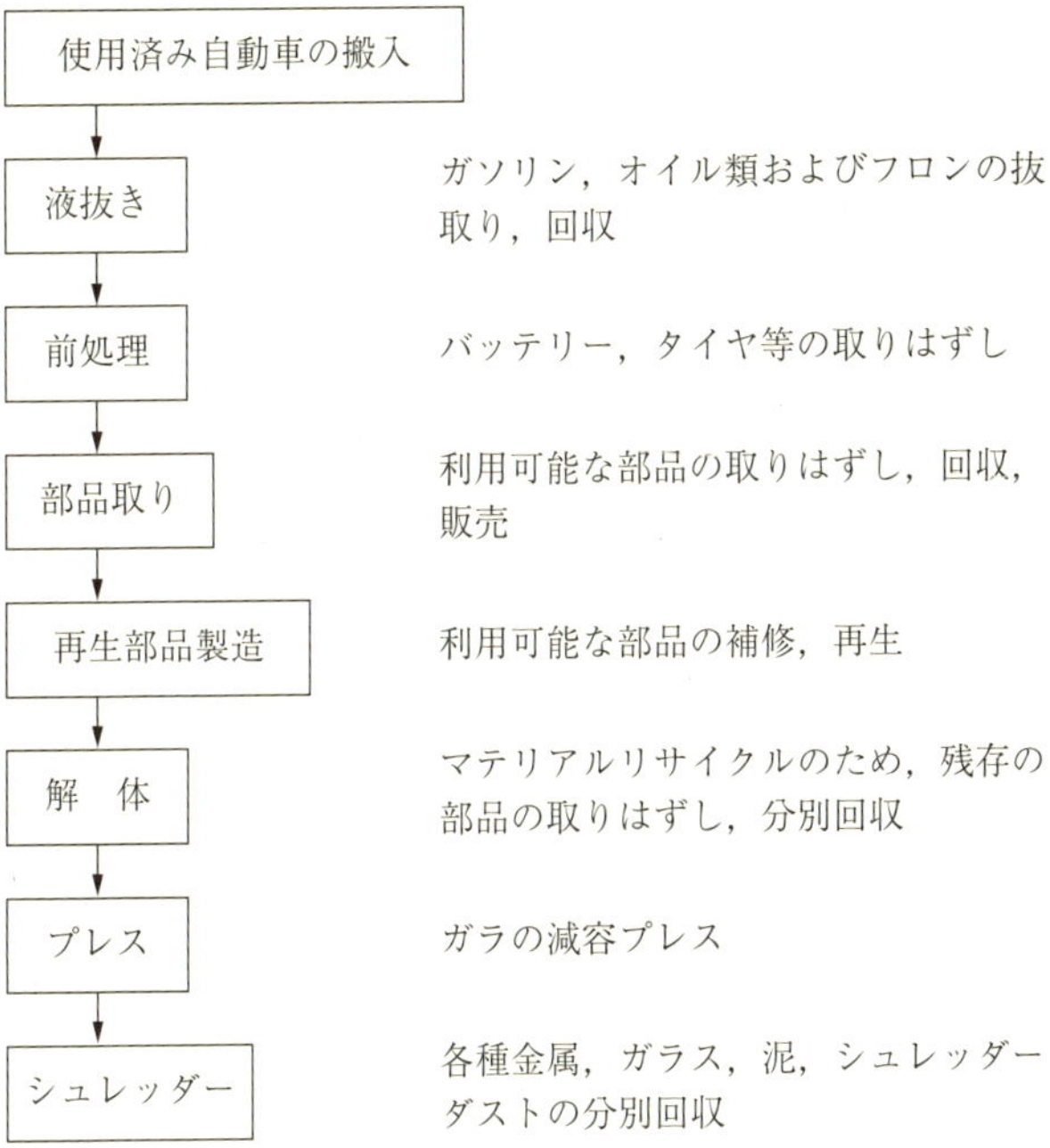

図 34　使用済み自動車の処理工程

わせて、バーナー用の燃料に使われます。

フロンは圧力をかけて液体状態になっていますが、常圧では気体になりますので、外に漏れないように特別な回収装置を使ってボンベに回収されます。フロンガスはオゾン層を破壊したり、地球温暖化ガスの一種ですので、極力漏らさないように注意が必要です。回収されたフロンガスは高温で燃焼されて無害化されます。

（二）　前処理工程

液抜き工程と前後して前処理工程があります。ここでは、バッテリーやホイールをはずします。さらに、ホイールからタイヤをはずします。バッテリーは硫酸を含んでいますし、鉛も多く使われていますので、バッテリー回収業者に渡して処理してもらいます。タイヤは、比較的新しいものは中古タイヤとして使われますが、多くは切り刻んで燃料として使われます。昔は野原で焼かれることもありましたが、燃えにくく黒煙を多く発生しますので、現在は本格的な焼却炉で焼却されます。

（三）　部品取り工程

つぎは部品取り工程です。ここでは、まだ使える部品をはずして、自動車修理にそのまま使います。中古部品となり得るものは、エンジン、ドアー、ボンネット、ラジエーター、電装品など、すべての部品が対象となります。しかし、それらをすべて取りはずして保管すれば、その量は膨大になります。

そこで、どんな部品の需要が多いのかをつねに調べておく必要があります。中古部品を扱うリサイクル部品流通業者三百五十社により日本自動車リサイクル部品販売団体協議会が結成され、いくつかの全国ネットワークができています。そのような情報をもとに必要部品の取りはずしが行われています。

また、最近では、日本車の輸出や日本車の外国における生産も進んでいますので、外国からの需要も無視できません。人気の高い車の場合、バンパー、ヘッドライト、ラジエーターおよびラジエータークリルなど車のフロントの部分をまとめて切り出し、ノーズヘッドと称してそのまま買い取っていくような場合もあります。

(四) 再生部品

そのままでは使えなくても、少し手を加えて使う場合もあります。そのような部品は再生部品といいます。この中には、エンジン、トランスミッション、ドライブシャフト等もありますが、一番多いのは電装品のスターター、オルタネーターと呼ばれる発電機、エアコン用のコンプレッサーなどです。スターターを例にその工程を説明しましょう。

これから再生しようとする部品をコアといいます。写真3にその例を示します。これを写真4に示すように、ねじの一本一本まで分解します。これらは油とほこりで汚れていますから、きれいに洗浄します。また、さびている部分もありますので、その部分はショットピーニングをかけてさび落しをします。

ブラッシなど、回転ですり減った部品は新品と交換します。ブラッシの当たっている回転軸の電極部もすり減っていますので、旋盤にかけて削り、表面の凹凸をなくします。それらを再び組み立てて塗装します。最後に、性能試験をして所定の性能が出ていることを確かめます。

(五) 解体工程

つぎは解体工程です。必要部品を取りはずし、保管した残りは材料として利用するために取りはずして回収されます。ここで重要なものはエアバックの取りはずしです。エアバックは衝撃によってふくらみますので、そのためのスイッチを切り、丁寧に取りはずします。エアバックの中には有毒物が含まれていますので、取りはずしたものは処理業者に渡し、適正な処理をしてもらいます。

バンパーや内装パネルなどはプラスチック再生原料として回収されます。シートも取りはずされ

写真 3 スターターのコア

写真 4 コアの分解図

ます。ガラスも取りはずされ，再生ガラス原料となります。金属部品は，鉄，アルミニウム，銅など元素ごとに分別回収されます。

最近の自動車には，パワーステアリング，パワーウィンドー等，多くのモーターが使われていますが，そのコイルの巻き線の銅線は鋼と混じり合うと，鋼の再溶解のときに溶け込み，鋼の性質を劣化させます。ですから，モーターやハーネスと呼ばれる配線はなるべく完全に取り除くことが望まれます。

(六) プレス工程

部品類を取りはずしたものはガラと呼ばれ，体積を小さくするためにプレスされます。ガラの大部分は鋼ですが，少しは銅線，ガラス，プラスチック類が残っています。また，シート類を一緒にプレスする場合もあります。それをそのまま製鋼工場で再溶解して使う場合もあります。

(七) シュレッダー工程

プレスされたガラはシュレッダー工場に運ばれ，大きな回転する突起で引きちぎられ，こぶし大の塊となります。それを鋼，アルミニウム，非鉄金属，ガラス類，ダストに分別します。金属類はそれぞれの製錬業者に引き取られ，再利用されます。

問題はシュレッダーダストの処理です。以前は埋め立てられていましたが，この中には鉛，クロムといった環境に悪影響を与える元素も含まれていることから，適性処理が義務付けられました。

シュレッダーダストの中身はおおよそ樹脂・繊維・ゴム等が六六パーセント、鉄一〇パーセント、ガラス・砂九パーセント、銅七パーセント、アルミニウム三パーセント、その他五パーセントとなっています。

その処理方法は、銅が七パーセント含まれていることから、銅の製錬所で燃料と原料として全量直接使うという方法がありますが、普通は上に示したように分別します。金属分はそれぞれの金属製錬メーカーに引き取ってもらいます。樹脂・繊維・ゴム等はガス化溶融炉で燃やして、熱として回収します。これがサーマルリサイクルです。

ガラス・砂は、ガス化溶融炉の中に投入され、スラグとして固定されます。最近は樹脂・繊維・ゴム等をさらに分別し、発泡ウレタンや繊維を防音材として利用しているところもあります。また、製鉄における高炉の還元剤として利用しようという技術開発も進行しています。

使用済み自動車のリサイクルは以前からかなり進んでいました。特に金属の部分はほとんどマテリアルリサイクルされ、全体のリサイクル率は七五〜八五パーセントでした。残りの大部分はシュレッダーダストになる部分でしたが、自動車リサイクル法の施行により、この部分のリサイクルが促進されることになりました。

サーマルリサイクルまで入れれば、ほぼ一〇〇パーセントのリサイクルが達成される訳ですが、ドイツなどではサーマルリサイクルはリサイクルにカウントされません。そこで、シュレッダーダストの主成分であるプラスチックの種類を減らし、マテリアルリサイクルをしやすくするような工夫が、新車の設計段階から始まっています。

【引用・参考文献】

日本鉄鋼協会社会鉄鋼工学部会：「自動車のリサイクル―システムから技術まで」（二〇〇二年）

四十八時間でつくる携帯電話

なぜ短納期開発？

消費者の好みは多岐にわたり、その移り変わりは年々速度を増しています。昨今の製造業はつぎつぎと旬の製品を開発し、旬の瞬間に売り切ることが求められており、そのような開発能力を持った企業だけが生き残っている状況です。そのため、「開発期間の短縮」は日本の製造業各社にとって、生命線となっています。

また、開発期間と同様に一瞬で大量生産を行うための「垂直立上げ」についても製造業に強く求められるようになりました。製品のライフサイクルに合わせた今後の量産体制は、多品種・短期短命生産が求められています。

携帯電話や自動車についても同様のことが求められており、メーカー各社は開発期間の短縮と大量生産を行うための垂直立上げに向けた製造工程を模索しています。

図35にありますように、携帯電話は半年に一回のペースで新機種がリリースされ、発売当日までに百万台生産しなくてはいけません。それが四か月もたつと売れなくなります。メーカーは百万台売れるピークを落としたくないので、開発期間を短縮して、できれば毎月新機種をリリースしたいと思っています。さらに短期間で百万台を生産しないといけないので、垂直立上げができる企業が生き残ることになります。

金型とは

金型の〝型〟とは、製品を早く、安く、均一につくるために使用する、治工具のことです。型の多くは金属でできており、それらを総称して〝金型〟と呼んでいます。

例えば、たい焼きをつくるためにたい焼きの形をした金属の

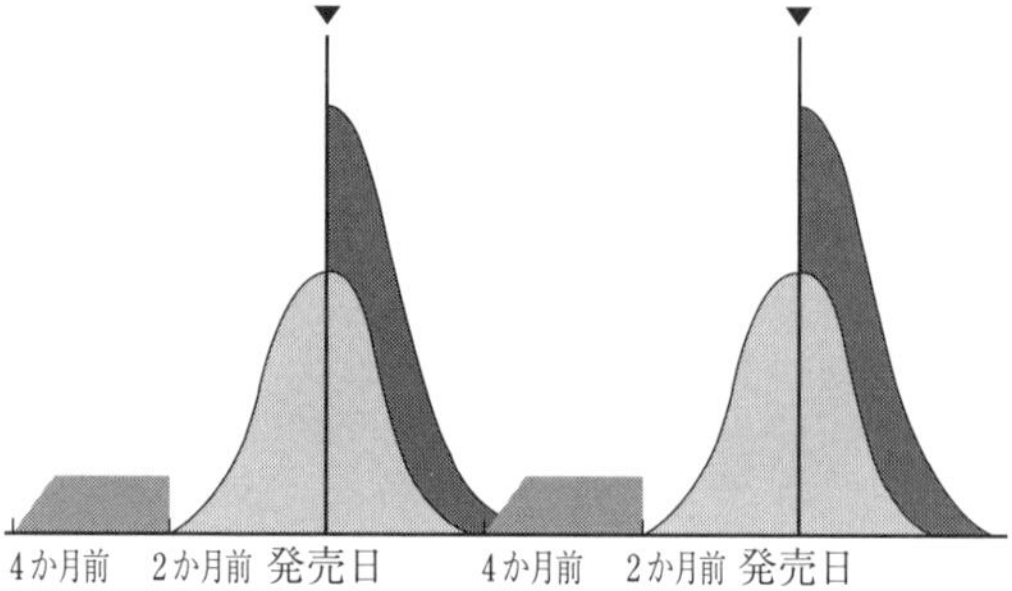

図35 携帯電話の販売台数

塊も金型の一種です。私たちの身の回りにあるさまざまな製品はそのような「型」を使って製作しています。自動車を見てみると、タイヤはゴム用金型で製作していますし、ボディーはプレス用金型で製作されています。また、内装の部品の多くは射出成形と呼ばれるプラスチック用金型で製作されています（写真5）。

金型は、電気製品のキーパーツである半導体と同じ位置付けで、量産のキーパーツとして認識され始めました。『製品の産みの親』、『産業の米』などといわれています。日本の金型産業は世界の四四パーセントのシェア、一兆四千億円の国内市場で七千社がひしめき、じつに九五パーセントが三十五人以下の中小企業です。日本の製造業の底辺を支える重要な業種です。金型なくして日本の製造業はありません。

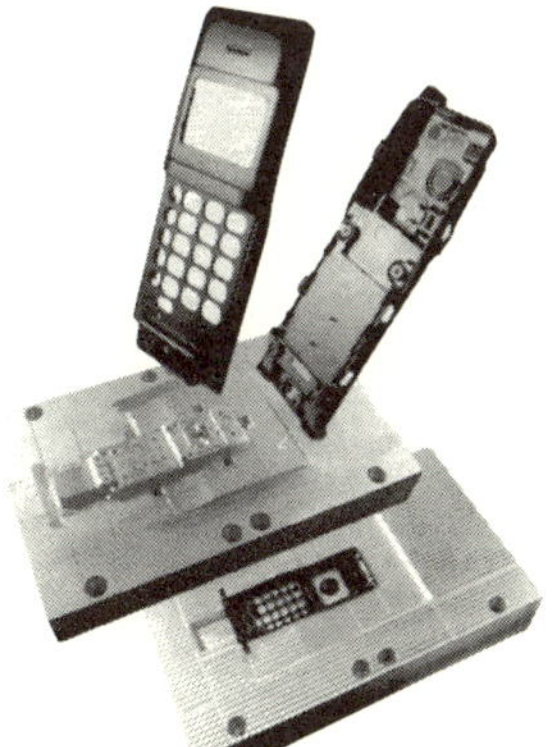

写真5　プラスチック用金型の例

金型製造の科学的分析

もの作りの流れ（工程）は大きく、デザイン→製品設計→金型設計→NC作成→加工→型組み→成形という工程で成り立っています。金型製造とは金型設計から成形までの一連の流れのことをいいます。

従来、携帯電話の金型製造には、職人と呼ばれる人の手作業に頼った工程になっていました。東京都大田区蒲田にある小さな町工場がこういった職人の集まりで、職人芸といわれる技能を使いながら、日本にしかできない携帯電話等の精密な金型を生産しています。職人の手に頼った携帯電話の金型製造は従来四十五日かかっていました。そこでは、製品設計者の意思を図面と呼ばれる媒体で伝達し、それを熟練した職人が意思をくみ取り、マシニングセンタと呼ばれる加工機に加工機がわかる言語に翻訳した言語を登録し、金型を削っています。実際に、金型の上下を組み合わせる作業である型組と呼ばれる工程で、仕上げ職人がマイクロメートル台の磨きを行い、精密な金型を製作しています（図36）。

まずインクスでは、職人の作業工程を科学的に分析し、詳細なタイムチャート（縦軸に作業工程、横軸に時間を記述した工程表のこと）と呼ばれる工程表に落とし込みました（図37）。

例えば、スライド部分の合わせがなぜ職人の手仕上げに頼っているのかを数値化していきます（写真6）。

インクス談「どこまで磨けばスライドが組めるんですか？」

職人談「少しずつ磨いていって〝しっくり〟くるところまで合わせるんだよ」

インクス談「それでは〝しっくり〟くるところまで仕上げてみてください」

図 36 従来の開発工程

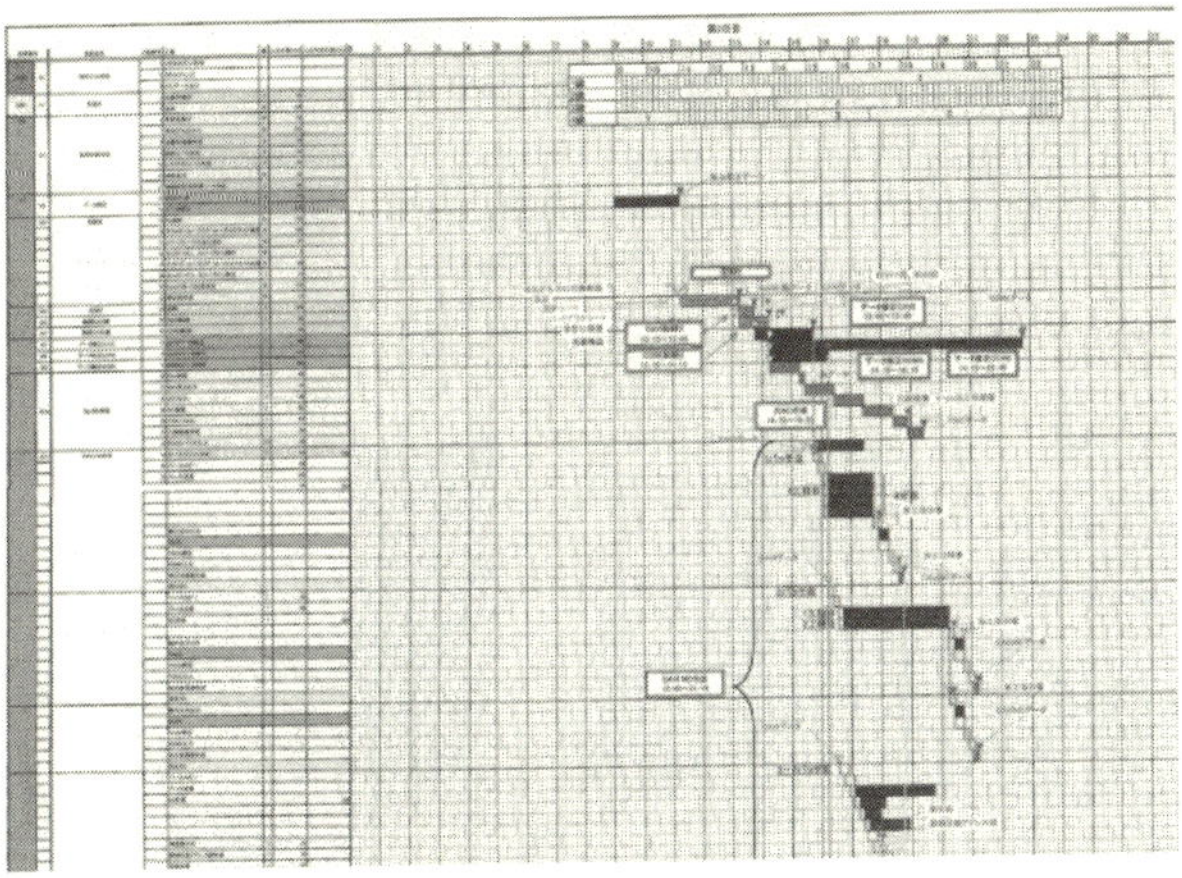

図 37 詳細なタイムチャート

職人談「できたよ」

インクス談「それではスライドを測定しますので貸していただけますか」

インクス談「はめあい公差として三マイクロメートルあれば〝しっくり〟くるんですね」

職人談「……」

インクスでは、この詳細に落とし込んだ工程をKATACADと呼ばれる自社で開発している三次元CADに落とし込みます。先ほどスライドのはめあい公差として三マイクロメートルとしましたが、自社開発のKATACADにスライド自動作製機能を搭載し、スライドを作製する工程を自動的に行います。スライド部分を選択すれば、スライド形状とポケット形状のはめあい公差が三マイクロメートルとして自動的に分割されます(写真7)。

このようにして、職人が暗黙知の中で決めていた技がタイムチャートと呼ばれる工程表を書くことで可視化でき、形式知に

写真6　技能の科学的分析

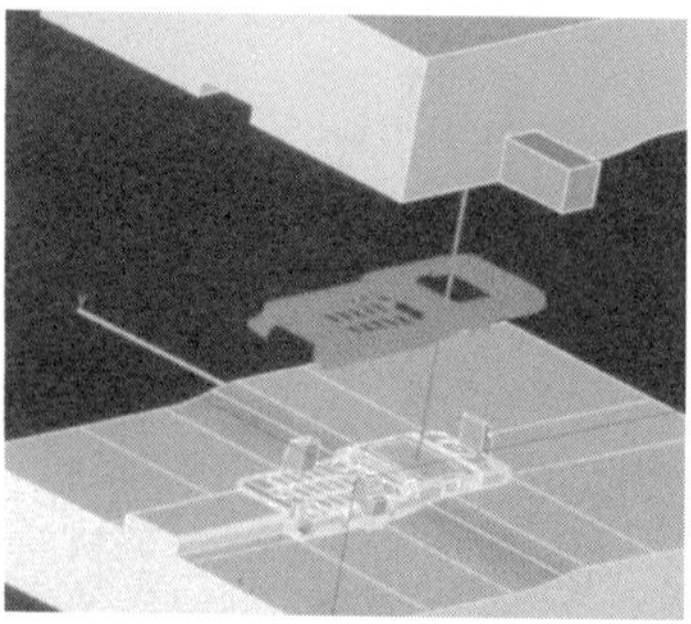

写真7　スライド自動作製機能

落とし込むことができるのです。これを金型製造工程の全領域で行い、標準化・マニュアル化し、アルバイトでもできる工程にします（写真8、9）。

写真8　マニュアル化

写真9　アルバイトが金型製作

先にも記しましたが、日本の製造業の底辺を支える金型産業は、零細企業の高齢者が支えています。彼らがいるからこそ、ジャパン・アズ・ナンバー1といわれるようになったのです。この熟練した技術を継承する、これをインクスでは工程分析技術（process technology、以下、PT）と呼んでいます。

「インクス」流もの作り

インクスでは、現場における製造技術（manufacturing technology、以下、MT）、金型製作において五万rpmの高速スピンドルおよび金型切削用小型工作機や専用の工具に至るまで独自で開発を行い、高精度高速切削による放電レス直彫り金型製造を実現させています（写真10）。

このようにして、従来、四十五日かかっていた携帯電話金型を四十八時間で製作するシステムを構築するに至りました。「あらゆる工程は短縮できる」、これがインクスのコンセプトです。

従来、五～六か月を要していた自動車のインパネやバンパー、エンジンなどの大物金型も大半が

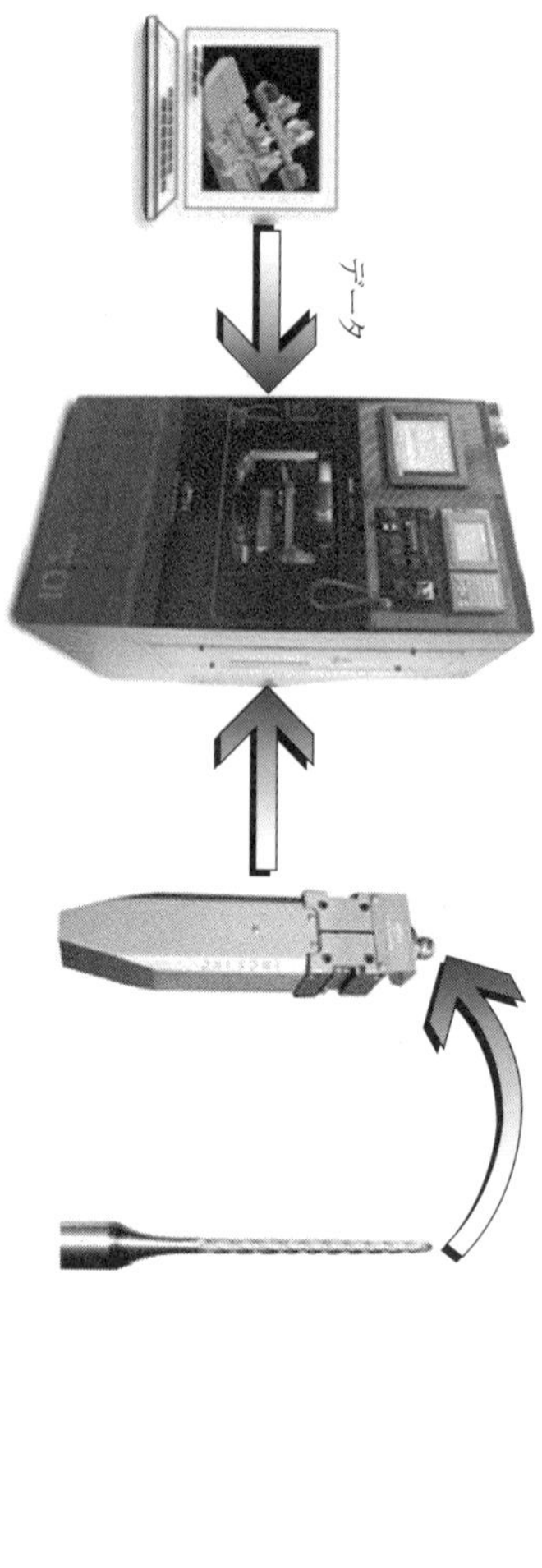

写真 10　ハードからソフトまで自社製品

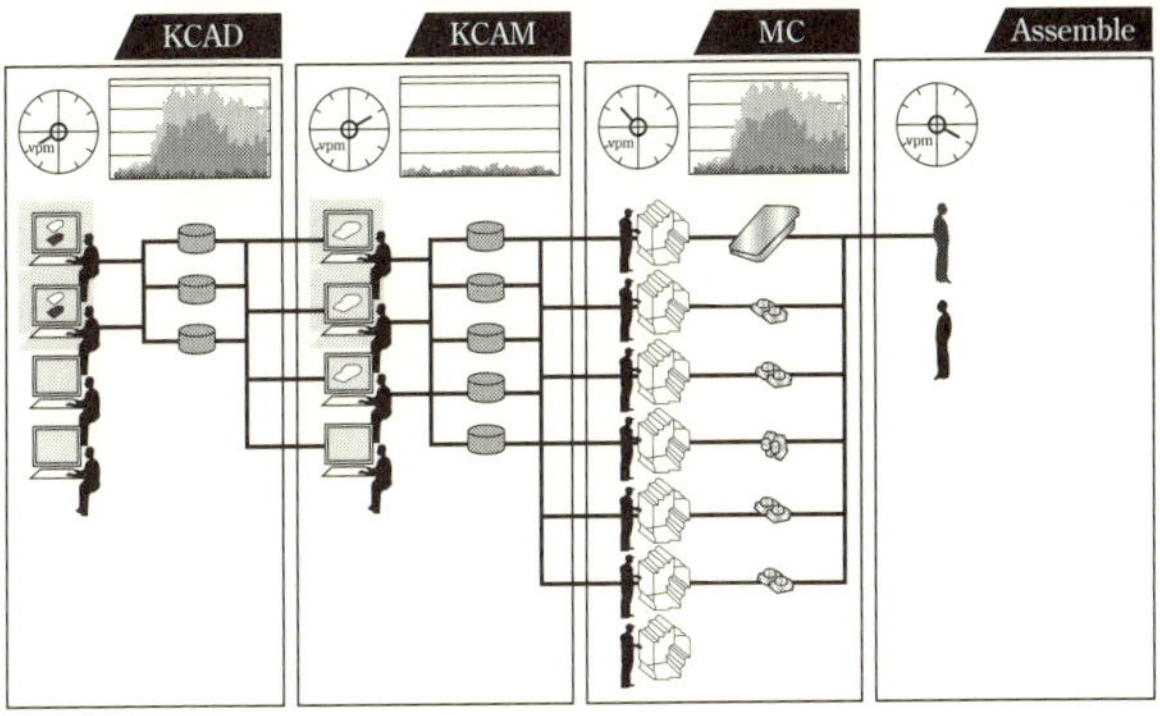

図 38　滞留レスの金型製造工程

インクス流「もの作り変革」の
キーテクノロジー

IT	Information Technology
MT	Manufacturing Technology
PT	Process Technology

～IT, MT, PTの融合が21世紀の新しいもの作り～

図 39　「インクス流」もの作り

十五日以内で製作可能になります。これにより自動車の開発期間は最終的には三か月までに縮まりました。徹底した工程分析技術（ＰＴ）と自社開発の工作機械（ＭＴ）、さらに金型部品を滞留することなく流す仕組み（ＩＴ）（図38）を融合させることで、爆発的な生産効率の向上を実現しました。ＩＴ、ＭＴ、ＰＴの三つの技術の融合が二十一世紀の新しいもの作りに変革をもたらします（図39）。

職人技の粋が金箔

金箔とは

みなさんは、いままでに金箔《ぱく》そのものを見たり、触れたりしたことがあるでしょうか。金箔は古来より、寺院や仏像などの宗教的な建築物や美術品に使用されてきました。そして、今日では、仏壇や屏風、着物、蒔絵、陶器それに漆器、酒類などの伝統工芸品や生活日用品においても使用されています。しかし、金箔そのものは伝統工芸品に位置付けられているにもかかわらず、金箔そのままの形で目にすることはほとんどなく、ほかの伝統工芸品や日用品等を装飾した状態が普通です。

金箔と一口でいいますが、そもそも金箔とはどのようなものなのでしょうか。普段、私たちが目にしている金箔は、純金よりも金を主成分とした銀と銅の合金であるものが一般的です。金箔は昔から色目や用途によって数種類のものが製造されてきました。その種類と合金組成を表3に示しています。そして、表に示した種類以外にも特注品として、純金箔や銅を含有しない食用金箔などが製造されています。金箔とは、このように金を主成分とした合金を〇・一マイクロメートル（一万分の一ミリメートル）という極限の薄さに仕上げた膜ということができるでしょう。

また、金箔は合金組成の同じものであっても、その製造方法により、縁《えん》付《つ》き箔と断《た》ち切《き》り箔という二種類に分類されます。

伝統的な製造方法によるものが縁付き箔であり、戦後からの工業的な製造方法によるものが断ち切り箔です。そして、わが国における金箔の生産は、縁付き箔や断ち切り箔の種類に関係なく完全に各工程によって分業化されており、最初から最後まで金箔屋（金箔職人）だけで一貫生産されるわけではありません。

表3　金箔の種類と合金組成比〔質量%〕

金箔の種類	金	銀	銅
五毛色	98.91	0.49	0.59
一号色	97.66	1.35	0.97
二号色	96.72	2.60	0.67
三号色	95.79	3.53	0.67
四号色	94.43	4.90	0.66

金箔のつくり方

（一）　上澄《うわずみ》

それでは、金箔がどのようにしてつくられるのか説明しましょう。まず、全体の製造工程を図40に示します。金箔は澄屋《ずみや》（または上澄屋《うわずみや》ともいう）と箔屋という工程の異なる二つの専門業者による一連の工程の帰結により生産されています。上澄職人（澄屋）による工程は、延金《のべきん》と上澄の製造といえます。延金とは金箔の元となる一番はじめの材料です。つまり金箔の品種に基づいた組成になるように金や銀、銅といった地金《じがね》（金属の原料）をるつぼに入れて炉内で溶解します。溶解した合金地金を型に流し込み、インゴット（延板）を作製し、さらにロール圧延機により四〇〜五〇マイクロメートルの厚さまで延ばしてから五五〜六〇ミリメートル角の小片に切断します。それを「延金」と呼んでいるのです。つぎにその延金をハトロン紙という紙に挟み込み、約二百枚を一包みとしてつち打ち装置で紙の面積と同じぐらいになるまで打って延ばします。紙いっぱいまで延金が延びれば、またそれを小片に切断してハトロン紙や特殊な和紙に挟み込み、つち打ちを行うといった工程を繰り返します。そして最終的に一マイクロメートル前後の厚みにしたものが「上澄」と呼ばれる金箔の材料箔となります。金箔職人（箔屋）は、この上澄を澄屋から購入して〇・一マイクロメートルという厚みの金箔を作製します。

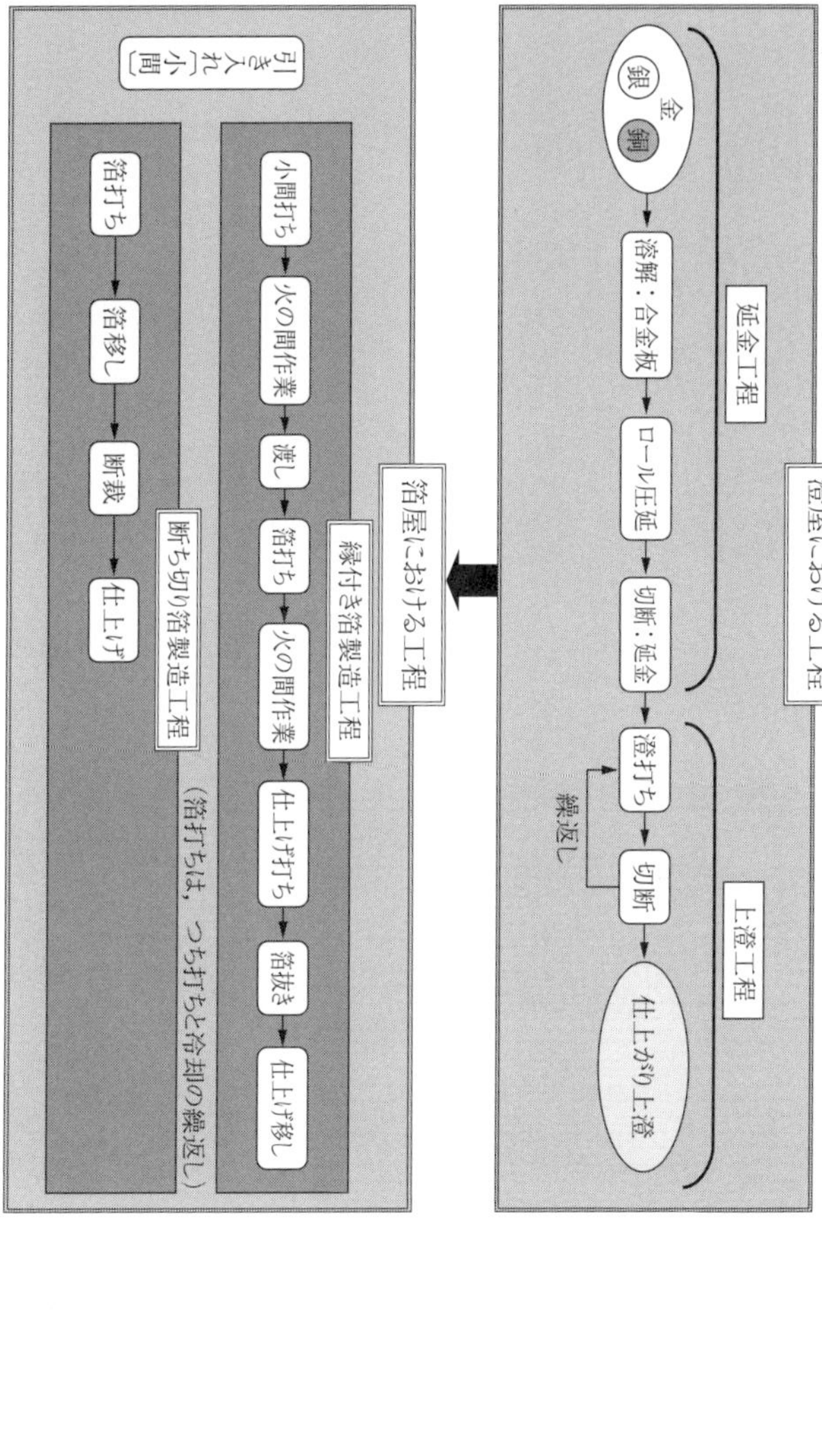

澄屋における工程
延金工程
金
銀
銅
溶解：合金板
ロール圧延
切断：延金
上澄工程
澄打ち
切断
繰返し
仕上がり上澄
箔屋における工程
引き入れ〔小間〕
縁付き箔製造工程
小間打ち
火の間作業
渡し
箔打ち
火の間作業
仕上げ打ち
箔抜き
仕上げ移し
断ち切り箔製造工程
箔打ち
箔移し
断裁
仕上げ
（箔打ちは，つち打ちと冷却の繰返し）

図 40　金箔の製造工程

金箔職人による製箔工程は、箔打ちと箔移しという本来の金箔の製造といえるでしょう。

（二）　縁付き箔の場合

まず、上澄を五五～六〇ミリメートル角の小片（これを小間《こま》という）に切断して、箔打ち紙と呼ばれる特殊な処理を施した和紙（小間紙ともいう）に挟み込みます。この作業を澄の引き入れと呼びます。そして、それを図41に示したようなパッキングを行い、箔打ち装置にてつち打ちを行います。つち打ちと冷却を数回繰り返し、小間が延びなくなったところで、主紙《おもがみ》と呼ばれる箔打ち紙に小間を移し入れて（渡しという）、再度、同じ工程を繰り返します。そして、この主紙における箔打ちの工程では、火の間作業と呼ばれる熱処理も行います。この熱処理というのは、箔打ち紙と箔をつち打ちした後、そのまま「なます」ことによって、箔打ち紙に密着した状態の箔をはがしやすくする目的で主として行われています。以上の箔打ち工程にて、箔が一六〇～一七〇ミリメートル角ぐら

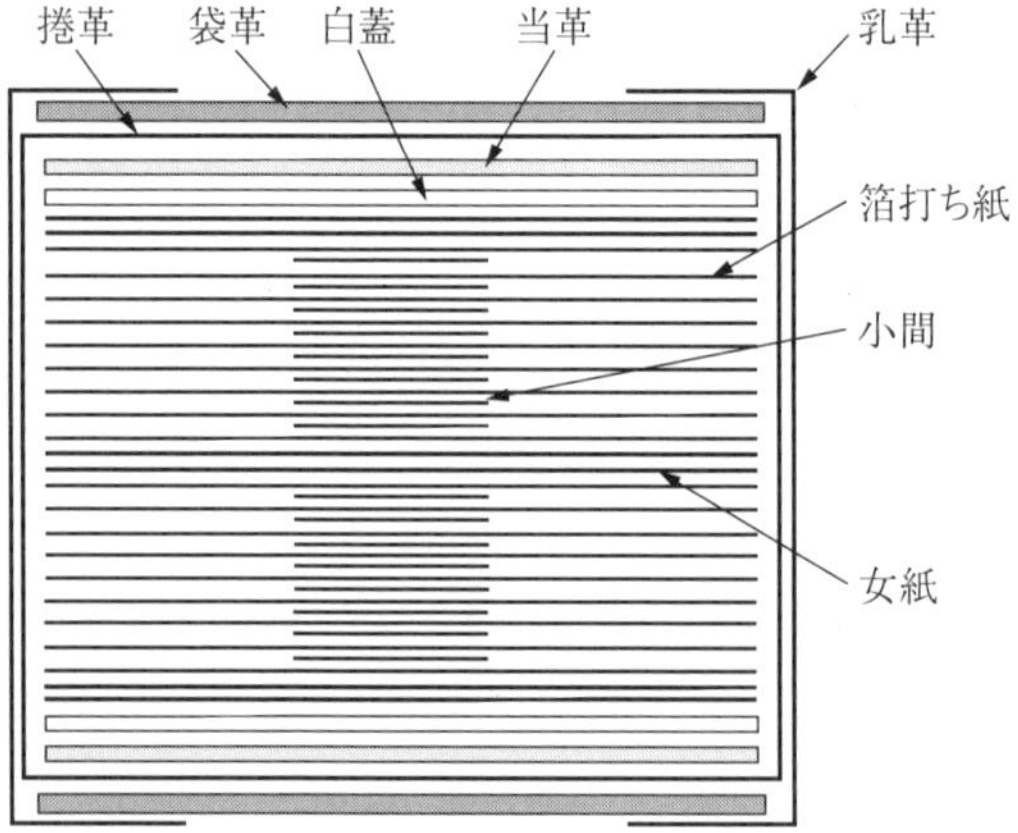

図 41　箔打ちパック

いに打ち上がると、箔の良否を確認しながら、広物帳という帳面に箔を一枚ずつ移します。そして、最終的に広物帳に保管した金箔を一〇九ミリメートル角（一般的サイズ）にカッティングし、合紙《あいし》という和紙の中心に慎重に移し、交互に積み重ねて百枚を一包みとして製品にします。縁付き箔の場合、この合紙の寸法が金箔よりも大きいのが特徴です。

（三）　断ち切り箔の場合

断ち切り箔の場合も、縁付き箔の場合と同様に、小間を箔打ち紙に引き入れます。しかし、この場合の箔打ち紙は和紙ではなくグラシン紙に特別な処理を施したものを使用します。そしてパッキングして箔打ち装置（写真11）にてつち打ちを行います。

この断ち切り箔の箔打ち工程では、縁付き箔の場合と同様に、つち打ちと冷却、そして必要に応じて熱処理を繰り返しますが、最初から最後まで同じ箔打ち紙で行い、渡しを行うことはありません。やはり、箔が一六〇～一七〇ミリメートル角ぐらいに打ち上がると、箔の良否を確認しながら、直接合紙の上にその金箔を移して箔と合紙を交互に積み重ねていきます。一定の枚数を積み

写真 11　箔打ち装置

重ねたら（おもに千枚程度）、箔と合紙を一緒に特殊な金刃で一〇九ミリメートル角に断裁して仕上げ製品とします。

したがって、断ち切り箔の場合、金箔と合紙はまったく同じサイズとなります。縁付き箔が二～十日ほどかけて一パック分の金箔を打ち上げるのに対して、断ち切り箔は半日～五日で打ち上げます。

同じ箔打ちでも、縁付き箔の場合は、つち打ち速度を早くして、打撃力は小さくつち打ちを行い、非常に繊細に仕上げていくのに対して、断ち切り箔の場合では、つち打ち速度はそれよりも遅いけれども、大きな打撃力によっていわば強引に展延させていきます。

また、縁付き箔と断ち切り箔とでは、つち打ちのパターン（軌跡）もまったく異なります。現在は両方とも箔打ち装置を使用した機械打ちですが、縁付き箔では金箔職人が箔の展延を慎重に確認しながら、パックを手で保持し、パターンを描くように動かしてつち打ちを行います。しかし、断ち切り箔では、箔打ち工程のほとんどの回数において自動でパックを移動させ、同じパターンの繰返しでのつち打ちとなります。そして、仕上げ段階あたりに箔の展延を確認して、手でパックを動かしてつち打ちを行い整えます。

打ち上がった金箔を光に透かして見ると、金箔が箔打ちによって展延していった特徴を有する結晶組織が観察できます。そのパターンから縁付き箔は升目状の組織が観察され、断ち切り箔は放射状の組織が観察されます。

箔打ち紙

金箔をつくる上で、これまで述べてきた箔打ち工程以外にもう一つ重要な金箔職人の技があります。

それは、箔打ち紙の作製です。箔打ち紙は金箔をつくり上げていく上で最も重要な道具で、金箔職人の熟練と経験の積み重ねを必要とするものです。良質な金箔を得ることができるかどうかは、箔打ちよりも良質な箔打ち紙を作製することができるかどうかによるといわれています。縁付き金箔の製造に関わる箔打ち紙は和紙で、昔から名塩紙（西宮市塩瀬町）、中島紙（石川県能美郡）、二俣紙（石川県金沢市）などが原紙として使用されています。この原紙を灰汁《あく》処理することにより、箔打ち紙として仕上げていくのです。この灰汁というのは稲藁を燃やしてできた灰に沸騰した湯をかけて採取した液で、これを素灰汁と呼び灰汁処理の回数によって柿渋や生卵などを加えて渋灰汁として使用します。灰汁処理は、水分処理をした原紙の和紙を素灰汁や渋灰汁に浸けて、つち打ちと乾燥を繰り返し行う工程のことです。延べ仕込み（水分処理）から五灰汁《いつあく》（五回目の灰汁処理）ぐらいまで繰り返し処理回数をこなして、やっと主紙と呼ばれる金箔の展延に最も適した箔打ち紙となるのです。現在では、原紙から主紙にするのに二〜三か月程度かかっています。金箔職人の腕により主紙として使用できる回数には差が出ますが、だいたい一二～一五灰汁ぐらいまで使用可能で、繊維が老化し、再生できなくなった主紙は「ふるや」と呼ばれ、「あぶらとり紙」として使用されています。このように縁付き箔に使用される箔打ち紙は、特殊な和紙を長い時間と手間をかけたもので、量産には適していません。一方、断ち切り箔の箔打ち紙は、原紙がグラシン紙（生理用品や中華まん、洋菓子の底などに使用されている紙）のため、製紙メーカーにより量産されており、安価で品質の安定したものの入手が容易という利点があります。それにカーボンを主成分にバインダーで分散した特殊な薬液を塗布して乾燥、つち打ちを行い、箔打ち紙として使用します。この薬液も金箔職人により作製されるもので、それぞれ独自の配合となっています。この箔打ち紙は、一度作製すると灰汁処理のような再生処理は施さず金箔が展延しなくなったところで使用をやめます。

職人の技

このように、縁付き箔と断ち切り箔の二種類の金箔が存在し、そのつくり方を説明してきましたが、これらの工程はあくまで骨格的なもので、そのときの温度や湿度、また不定常な要素を、各金箔職人の勘や経験によって、そのときどきで工程を省略したり、繰り返したりして金箔をつくり出します。そして、箔打ち工程だけでなく箔打ち紙の作製の点からも断ち切り箔のほうが量産に向いていることがわかります。つまり、断ち切り箔というのは、金箔職人が伝統的な縁付き箔のつくり方に試行錯誤と工夫を繰り返し、凝らして確立した簡素化製造方法によるものということができます。しかし、断ち切り箔でもその生産は金箔職人の技と経験に頼ったものであり、工業的な量産化はまだ難しいといえます。それだけに、材料でありながら、伝統工芸的な価値が高いのでしょう。

美しく見せるファンデーションの素は？

化粧品の種類

現代女性にとって化粧品は必須のアイテムとなっております。一口に化粧品といってもさまざまなものがあります。化粧品はまず、石鹸やシャンプーなどのトイレタリー（衛生用）化粧品とコスメティクスに大別されます。このコスメティクスはスキンケア（化粧水、乳液、日焼け止め等）、フレグランス（香水、オーデコロン等）、ボディー（クリーム、パウダー等）、頭髪用（ヘアトリートメント、整髪料等）、メークアップの五つに分類されます。これらの中で外見を整え、美しさを演出するのはメークアップ化粧品です。

美しさを演出するといってもその方法はいろいろありますが、日本人はもともときめが細かいきれいな肌をしているので、肌をより美しく見せる化粧品が好まれています。肌を美しく見せるためにはしみやこじわを目立たなくする「カバー効果」と健康的なはりを演出する「くすみのない光沢」が必要です。女性の美しさを演出するメークアップ化粧品にはこのような二つの効果をもつ材料が使われています。

体質顔料

メークアップ化粧品にはファンデーション、ほお紅、アイシャドウ、口紅、マニキュア等があります。ファンデーションはベースメーク化粧品、そのほかのものはポイントメーク化粧品と呼ばれています。これら化粧品の中でもファンデーションは最も使用量も多く、肌への接触も多いため、素材の影響の大きい化粧品です。

メークアップ化粧品は肌に直接塗るものですから、感触良くのりやすいことが必要です。また、肌にうすく均等にのるようにすべって延びることも重要です。これらの性質を決めるのが体質顔料と呼ばれる粉で、メークアップ化粧品の主成分です。

体質顔料には、おもに雲母という鉱物が使われます。みなさんも知っている雲母として花こう岩の構成鉱物である黒雲母があります。理科の授業で習った方も多いのではないでしょうか。化粧品に用いられるのはその仲間で白雲母やセリサイト（絹雲母）と呼ばれる白い雲母です。カナダ、中国、インド等がおもな産地ですが、日本にもセリサイトを掘っている鉱山があります。

近年、高級化粧品には人工的に合成された雲母も使われています。合成雲母にも種類がありますが、体質顔料として使われるのはフッ素金雲母という種類の雲母です。

雲母の合成には溶融合成という方法が取られています。二酸化ケイ素（SiO_2）、酸化マグネシウム（MgO）、酸化アルミニウム（Al_2O_3）、ケイフッ化カリウム（K_2SiF_6）等を原料として約一五〇〇℃もの高温でドロドロに溶かします。これをゆっくりと冷やすことで雲母の結晶が成長していきます。ちょうど、マグマがゆっくりと冷えて、結晶の大きい花こう岩ができるのと同じ原理です。合成された雲母は、花こう岩中の黒雲母より大きく、直径五～一〇センチメートルぐらいの大きさになります。

合成雲母は、純粋な原料を使うため、不純物をほとんど含んでいません。また、結晶がきれいで、くすみのない透明感をもっています。そ

（a）合成雲母の単結晶　（b）天然雲母の単結晶

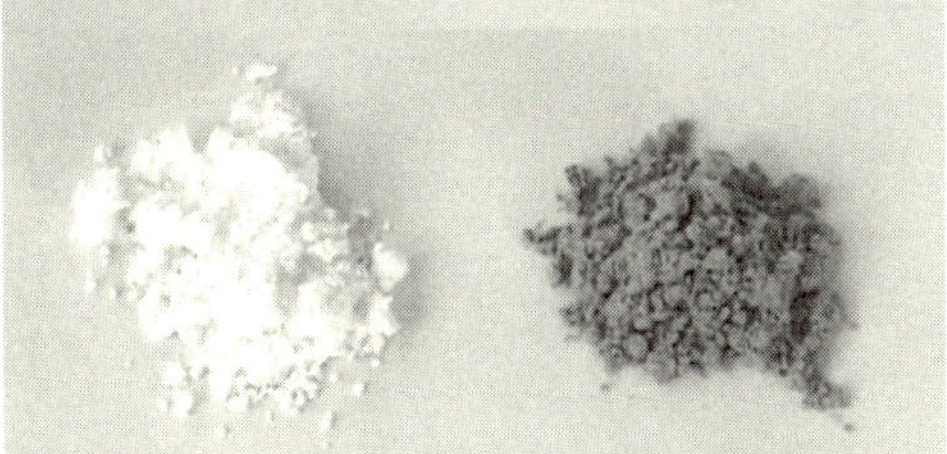

（c）合成雲母の粉　（d）天然雲母の粉

写真 12　合成雲母と天然雲母（白雲母）の色の比較

のため体質顔料としてもくすみがなく、きれいな透明感のある白色の粉がつくられるのです。写真12に合成雲母と天然雲母の色の違いを単結晶と粉での比較で示します。

二〇〇一年四月一日より、法律で化粧品の全成分を表示することが義務付けられました。皆さんも、一度、化粧品の箱を手にとって見てください。そこには「マイカ」もしくは「合成金雲母」と書かれているはずです。マイカとは雲母の英語名で鉱山から採掘された白雲母やセリサイトを指します。合成金雲母とは合成された雲母の名前です。

これらの雲母は薄くぺらぺらとめくるようにはがれる特徴をもっています。このはがれて薄くなった形が重要なのです。体質顔料に求められる感触は肌によくのり（張付き）、肌をすべって延びることです。ひらべったく滑らかな雲母の粉はまさにこれらの特徴を備えている粉なのです。

粉の形と化粧品の特徴

ところで、雲母を体質顔料にするには、結晶を砕いて粉にしなければなりません。一言で粉といっても単純ではありません。粉の大きさ、形状によって出来上がる化粧品の特徴が大きく変わってしまうのです。

図42を見てください。同じ形で大きさの異なる粒子を示しています。大きい粒子は、表面が大きいため、当たった光の多くを反射（正反射）します〔図（a）〕。このような粒子は、大き過ぎて均

一感がなく、光沢がギラついてしまいます。また、ファンデーションにしてはテカリが強すぎ、脂《あぶら》ぎった感じがして印象良くありません。大きな粒子は、アイシャドウ等、部分的に明るさを演出するポイントメークに用いられます。反対に小さい粒子は、ソフトな光沢を持つため、ファンデーション等のベースメークに使われます〔図（b）〕。

大きさの違いが光沢に影響することはわかりました。それでは形の違いはどうでしょうか。図43に同じ大きさで形の異なった粒子を並べました。厚ぼったい粒子は、光が粒子内部で吸収されてしまいます〔図（a）〕。また、散乱（乱反射）が多くなるため、透明感はなくなります。

反対に、ひらべったい粒子は、光の吸収が少なく、透過する光の量が多いため、透明感が高くなります〔図（b）〕。ひらべったい粒子は、厚ぼったい粒子より厚みが少ないので、同じ重量（体積）当りの粒子の数が多く、その分、光沢も強くなります。ひらべったい粒子は、純粋で透明な結晶でなければ、特徴となる光沢と透明感は得られません。そのため、純粋で透明性の高い合成雲母からつくられています。

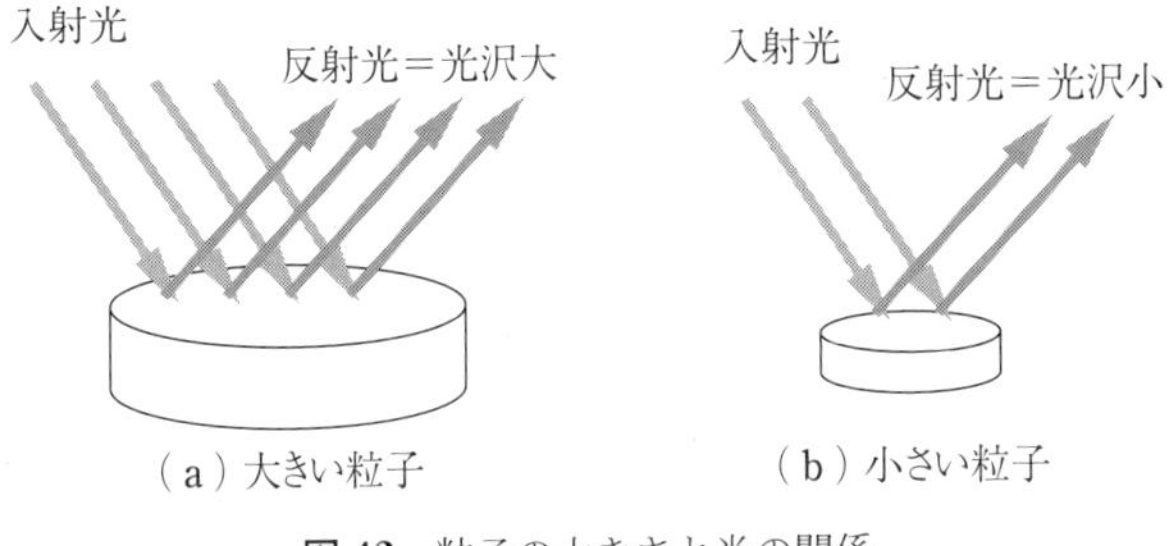

図42　粒子の大きさと光の関係

厚ぼったい粒子は、下地を隠す効果が強いので、しみやこじわをしっかり隠すマット調と呼ばれるタイプのファンデーションに用いられます。ひらべったい粒子は、クリアな光沢でしみやこじわを目立たなくし、明るい肌を演出します。そのため、透明感があり、素肌っぽく見えるナチュラルメークのファンデーションに用いられます。

このように粒子の形は、さまざまな特性を引き出す原因となり、重要です。粒子の厚みに対する大きさの比はアスペクト比と呼ばれています。雲母より大きいアスペクト比をもつ（よりひらべったい）材料はありません。雲母の粉は、化粧品にはなくてはならない材料であり、形状をしっかり管理して生産されています。

粉　砕

それでは、これまで説明してきた雲母の粉は、どのようにしてつくられるのでしょうか。

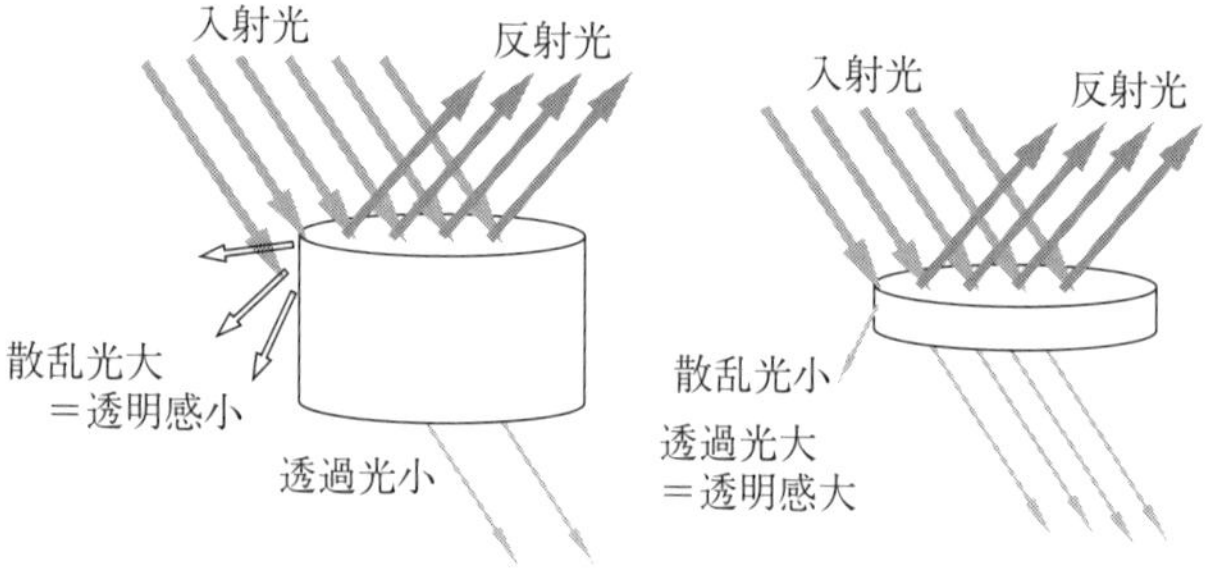

（a）厚ぼったい粒子　（b）ひらべったい粒子

図 43　粒子の厚みと光の関係

雲母はもともと薄くはがれる特徴をもった鉱物です。結晶もひらべったい形をしています。例えば，この結晶をハンマーで砕いてみましょう。図44（a）のように，普通にたたけば，ハンマーは結晶の表面に力を与えます。すると，砕けた結晶は，薄くはがれずに面が割れて，小さくて厚ぼったい粒子となります。このような方法で，マット調用の小さくて厚ぼったい粒子をつくります。

それでは，ひらべったい粒子は，どのようにしてつくるのでしょうか。

雲母の結晶層に垂直に力を加えると，面で割れて厚ぼったくなってしまうので，図（b）のように，結晶層に平行に力を加えてみますと，雲母結晶は，その性質に従い，はがれるように割れていきます。このような方法でナチュラルメーク用のひらべったい粒子をつくります。

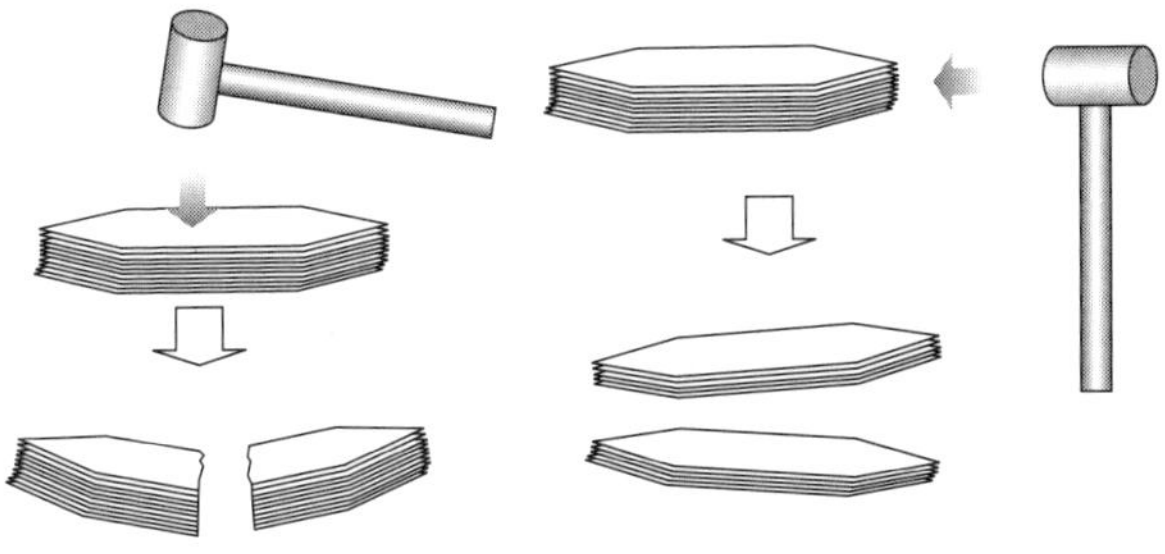

（a）厚ぼったい粒子　（b）ひらべったい粒子

図 44　雲母の粉砕の原理

分　級

雲母粒子の粉砕方法について述べましたが、これだけでは体質顔料としての雲母粉は完成しません。ただ砕いた雲母は、大きい粒子から小さい粒子まで、さまざまな大きさの粒子が交じり合っています。粒子の大きさがばらついていると、滑りや光沢が悪くなります。そこで、粒の大きさをそろえる必要があるのです。このような操作を分級といいます。

重いものと軽いものを空気中で同時に落とすと、同時に落ちてきます。これは空気の抵抗が無視できるぐらいに小さいためです。しかし、水の抵抗は空気と比べて非常に大きいので、水の中で物を落とすと重いものほど早く落ちます。この性質を利用して雲母の大きい粒子と小さい粒子をより分けるのです。写真13はこのようにしてつくった大きさのそろったひらべったい粒子の様子を示しています。こうして大きさのそろった化粧品用の雲母の粉がつくられるのです。

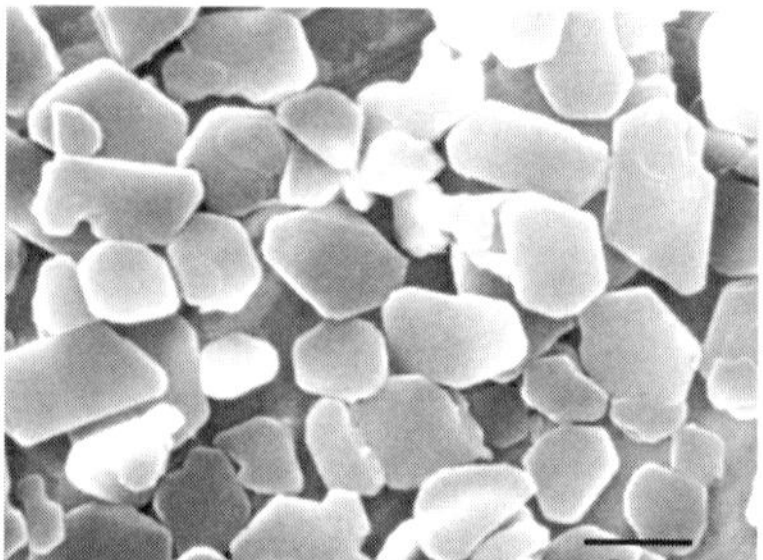

写真 13　大きさのそろった
ひらべったい粒子

メークアップ化粧品

このようにしてつくられた体質顔料は、肌になじませるための油分や肌の色と合わせるための顔料（色材）、紫外線吸収剤、保湿剤、酸化防止剤など、さまざまな成分と混ぜられます。そして、ファンデーションにはしみやこじわを目立たなくするカバー効果とはりのある健康的な肌を演出するくすみのない光沢、アイシャドウには目元の明るさを印象付ける光沢、口紅にはボリューム感を表現する艶《つや》を、さまざまな演出のための調合がなされ、化粧品として仕上げられます。これらさまざまな種類の化粧品にも雲母は欠かせない材料なのです。

2 「マイクロ~ナノの世界における」もの作り

電子デバイスの小型化に向けた常温接合とマンハッタン接合

電子回路基板とマンハッタン接合

電子機器は、多くの部品が組み合わされ、電気回路を構成することによって成り立っています。この部品間の電気的・機械的接合を担っているのが、電子回路基板です。昔は、部品は電気的にワイヤで接続されているだけでした。しかし、回路が複雑になり、しかも、高密度で組み立てられるようになってからは、基板の上に銅箔のパターンで配線を形成した配線板（プリント配線板）をまずつくり、その上に部品を搭載することによって回路を形成する方法がとられるようになりました。この回路と部品の接続には、多くの場合、はんだ付けという方法がとられています。このように部品を配線基板の上に搭載・接続することを実装と呼んでいます。

いまや、電子機器は、コンピュータが手のひらにのり、テレビやカメラ・ビデオ、コンピュータ機能を搭載した携帯電話までが日常のものになるにいたって、その中に組み立てられる電子回路基板は極限にまで薄く、小さく、高密度で実装されるようになりました（写真14）。一方で、回路にはＬＳＩ（大規模集積回路）が多用され、ますます複雑になっています。その結果、配線板上に形成される銅の配線パターンは一層では間に合わなくなり、裏表の二層から始まって、中間にも回路が挟まるような四層、六層といった多層基板が使われるようになっています。また、回路の幅も、ミリメートル単位に始まり、いまや一〇〇マイクロメートルを切るような非常に幅の狭いファインパターンが用いられるようになりました。また、基板が厚いと、それだけで場所をとり、また重たくなるので、基板そのものも薄くなっていま

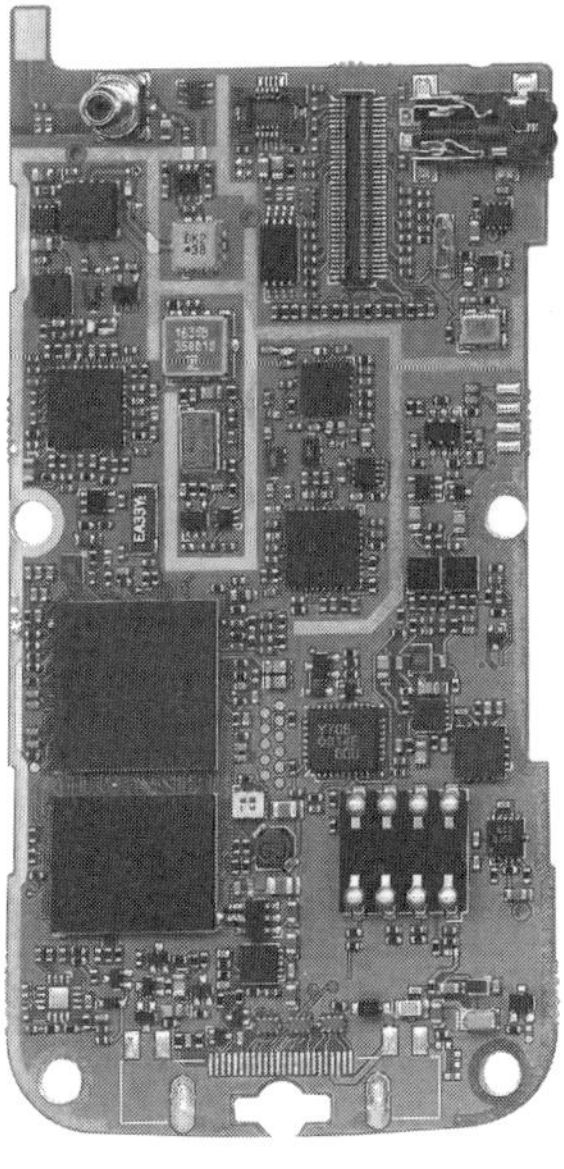

写真 14　電子回路基板

す。

その多層配線板のときに問題となるのが、ある層の回路と別の層の回路をいかにつなぐか、という問題です。

現在、一般には、この層間接続を行うには、ドリルで穴を空け、その穴をめっきで埋めるという方法がとられてきました。しかし、この方法では大きな穴が開いてしまうためにファインパターンには適用できない、あるいは基板の表から裏まで貫通した穴が開いてしまうため、二つの層を接続するために、ほかの層の回路はその場所を避けて通らないといけない、などの限界があります。最近では、レーザで穴を開ける方法も現れてきましたが、いずれにしてもめっきなどの方法で穴を埋める必要があり、値段が高くなるという問題があります。

そこで考え出されたのが、銅の突起状のもの（バンプと呼んでいます）をあらかじめ配線パターン上に形成しておき、これを別の基板の上に重ねて、突き刺し、絶縁体の層を貫通させて、つぎの銅配線部分に突き当てて接続をさせる方法です。これがここで紹介するマンハッタン接合（NMBI）です（図45、写真15、図46）。

この方法では、穴を開ける必要がないこと、めっきにより穴を埋める必要がないこと、の二つの理由から、安いコストで高密度の多層配線板がつくることができるという大きな利点が期待されています。めっきは化学処理のため廃液の処理などが必要で、環境調和性という面からもシンプルで

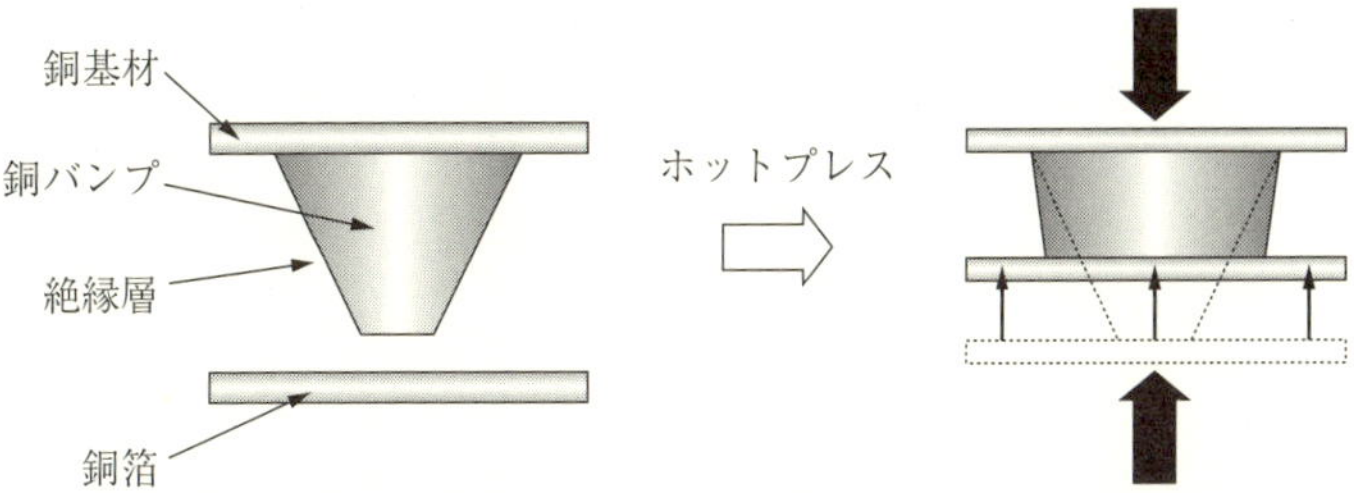

図 45　マンハッタン接合

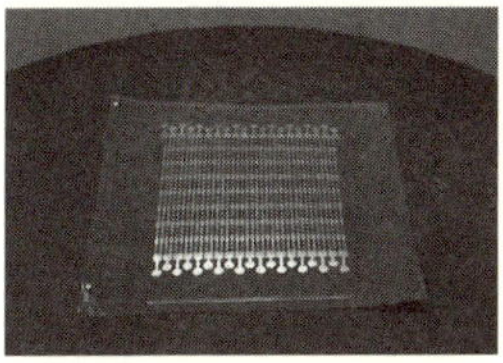

（a）外　　形

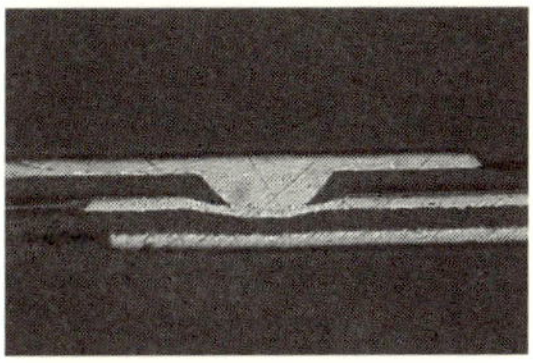

（b）断 面 写 真

写真 15　マンハッタン接合による両面配線基板

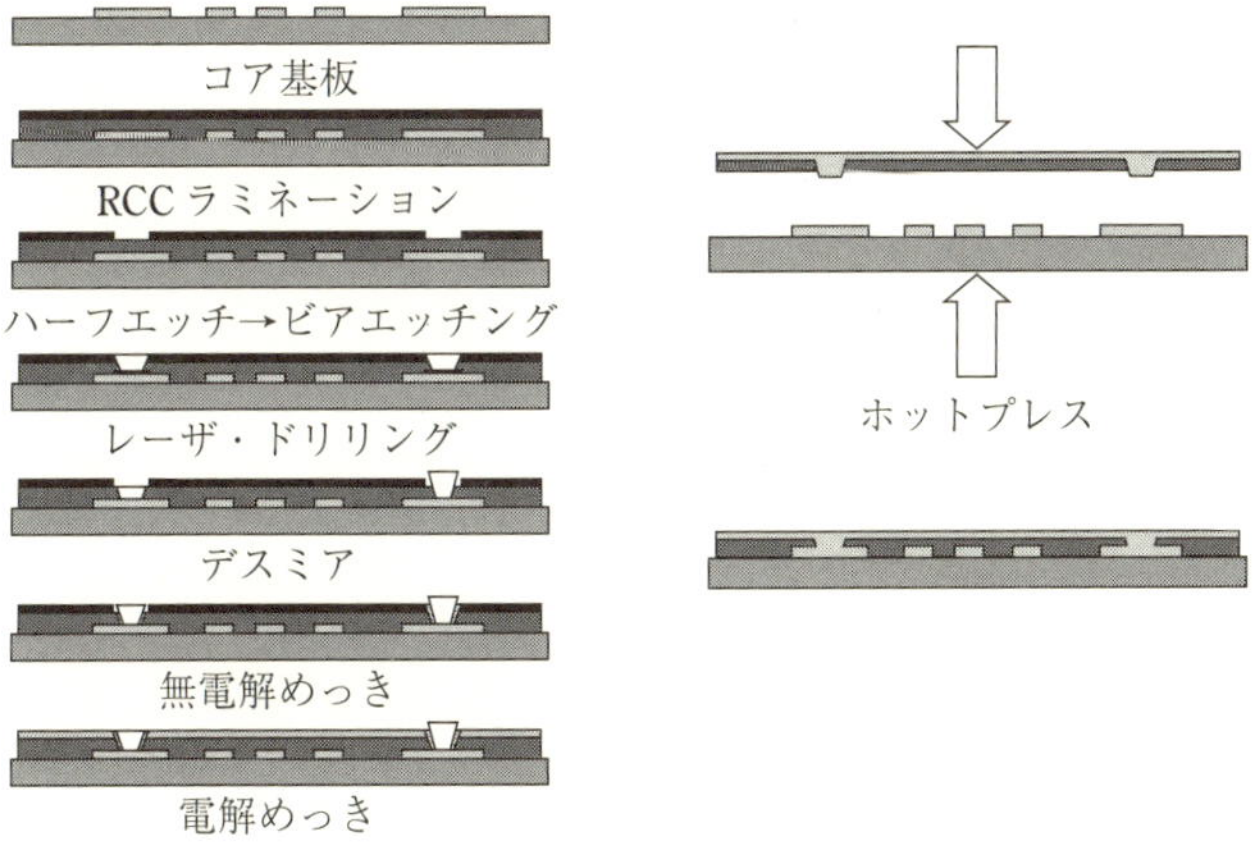

（a）レーザビアによる層間接続　（b）マンハッタン接合による層間接続

図 46　多層配線板における層間接続の方法

優位な手法です。

これまで、銅の接合は、はんだ付けで行われるのが普通でした。しかし、このマンハッタン接合では、単に押し付けて二五〇℃程度に加熱するだけです。なぜ、それだけでくっつくのでしょうか？　それを理解するには、金属がくっつくとは、そもそもどんなことなのかを理解することから始める必要があります。

接合とはなにか？

一般に金属は、原子が規則正しく配列した結晶から成り立っています。接合というのは、金属の原子どうしが結合することです。そのためには、二つの接合したい面の原子が、結合する距離にまでたがいに近付く必要があります。

ところが、金属の表面はけっして平たんではなく、原子レベルで見ると凹凸です。ですから、単に近付けただけでは、その距離にまですべての原子は近付きません。これを可能にするのは、①大きな力をかけて、表面の凹凸を変形させる、②熱を加えて軟らかくし、また原子が動きやすいようにしてやって、すき間が原子の移動によって埋まるようにする、③初めから、なるべく平たんにしておく、という方法しかありません。

しかし、さらに問題があります。金属の原子は、結局、相手の原子がいれば結合してしまうのですが、実際にそこに相手の原子がない場合、取りあえず空気中に存在する酸素と結合してしまっているのです。すなわち、酸化しているのです。銅の場合は、酸化第一銅がだいたい原子一〇層以上の厚さでできています。こうなってしまうと、酸素で覆われた表面は、接触させても接合することはありません。実際、銅でできた十円玉をいくらくっつけても、まったく接合できません。

これを接合するには、①大きな力をかけて、表面の酸化層を変形ないしは分散させて、その裏側に隠れている金属の部分を接合面に露出させる、②熱を加えて、銅を薄い酸化層を通して拡散させる、あるいは、酸素そのものを拡散させて、界面からなくしてしまう、③あらかじめ酸化層を取ってしまい、接合は酸素のない真空で行う、という方法しかありません。

接合の条件と常温接合

以上のことから考えると、①②からは、大きな力をかけて変形させ、熱を加えると、とにかく銅は接合するということがわかります。問題は、実際にどれくらいの変形で、どれくらいの温度が必要か、ということでしょう。普通の条件では、例えば十円玉を重ねて接合したいような場合では、六〇〇℃以上の加熱が必要です。しかし、上記のマンハッタン接合では、バンプの表面の粗さは〇・一～〇・五マイクロメートルの範囲で比較的平たんで、また、かなり大きな荷重をかけて、二〇～三〇パーセントの圧縮変形をさせます。そのため、二五〇℃から三五〇℃の加熱で十分、接合

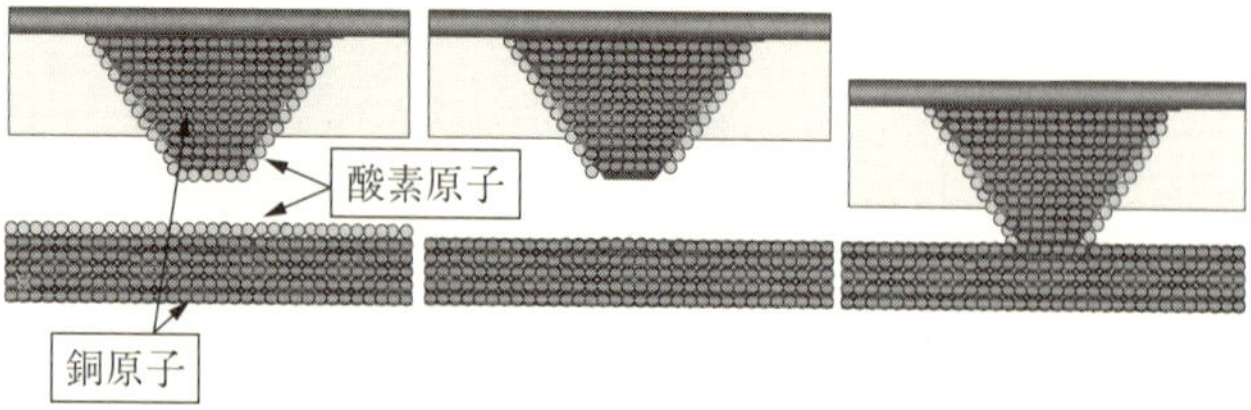

（a）酸化膜除去による常温接合

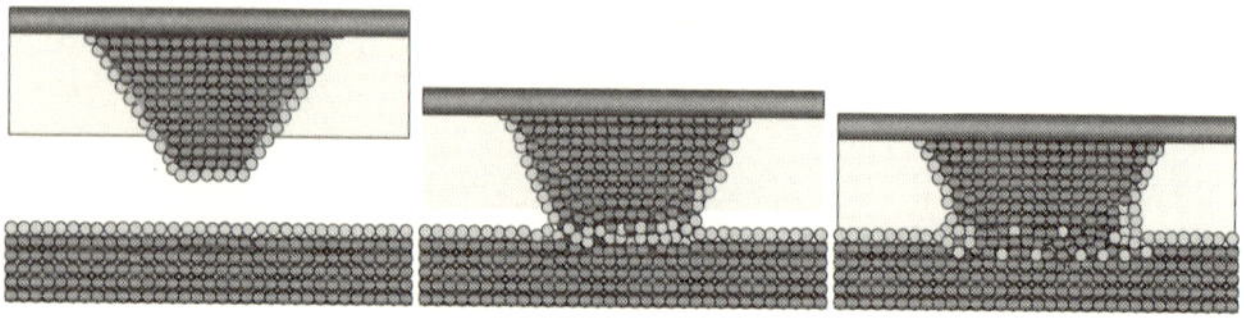

（b）変形・加熱による接合

図 47　銅の直接接合プロセス

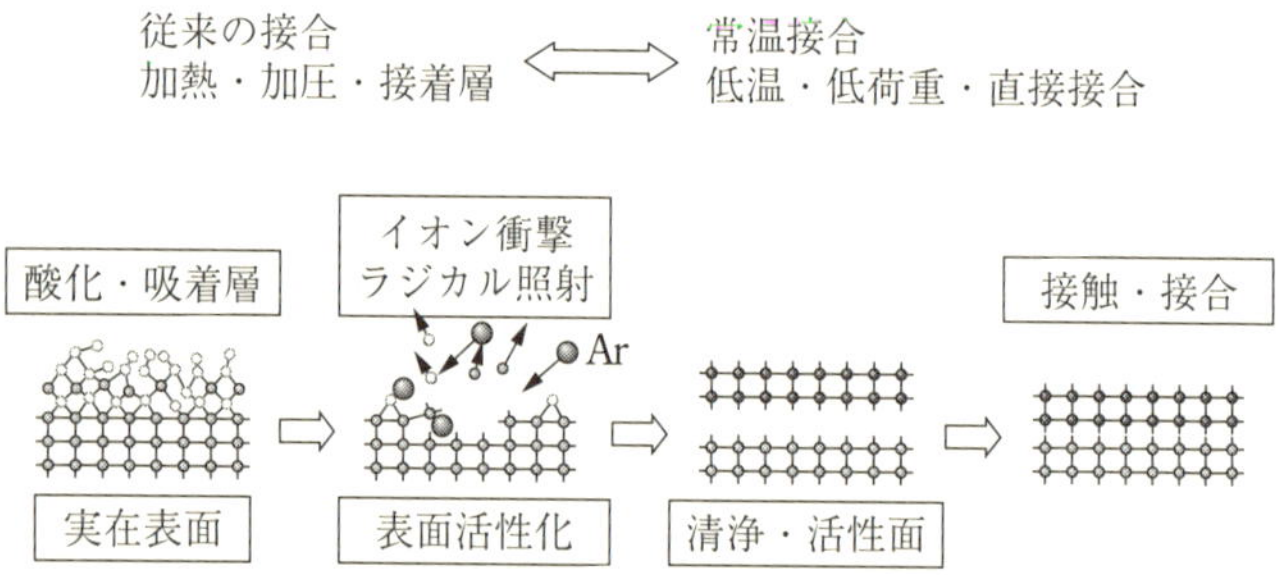

図 48　表面活性化常温接合

が可能なのです。

また、③の条件を満たせば、すなわち、あらかじめ接合面をなるべく平たんにし、酸化層を取り、接合は酸素のない真空で行う、ということを行えば、ほとんど変形をさせることなく、また熱を加えずに常温で接合ができることになります。これを実際に実現したのが「常温接合」(文献1)です(図47)。

常温接合では、表面の粗さを化学的研磨によって、一ナノメートル(一〇〇〇分の一マイクロメートル＝一〇〇万分の一ミリメートル)以下の原子レベルにまで平らにします。また、アルゴンという反応性のない原子状のガスを銅表面に加速して吹きつけて、表面の酸化層を取り除きます。そして、真空容器の中で接合を行うのです。これにより、銅と銅の接合を室温でほとんど変形なしに行うことができるのです(図48)。

常温接合の可能性

マンハッタン接合自体は、前述のように常温接合ではありません。しかし、その際に使用されるバンプをつくる材料に、じつは、常温接合が使われているのです。バンプにはいくつかのつくり方がありますが、その一つの方法は、銅の薄い板のバンプをつくりたいところにマスクをし、バンプ以外の部分を化学的にエッチングする方法です。この際、銅の板が全部溶けてしまわないように、化学的に耐性の高いニッケルの薄い箔を真ん中に挟んだ材料を使っているのです。この銅とニッケルの三層になったクラッド材は、前述の常温接合の方法ですでに量産されています。

また、マンハッタン接合は、回路基板における層間接続ですが、それ以外にＬＳＩと基板を接合する電極部分の微細化も進んでいます。まだ実用化はされていませんが、大きさが三マイクロメートルの微細な銅電極を一〇万個以上、一括して常温接合できることが示されています（写真16）。

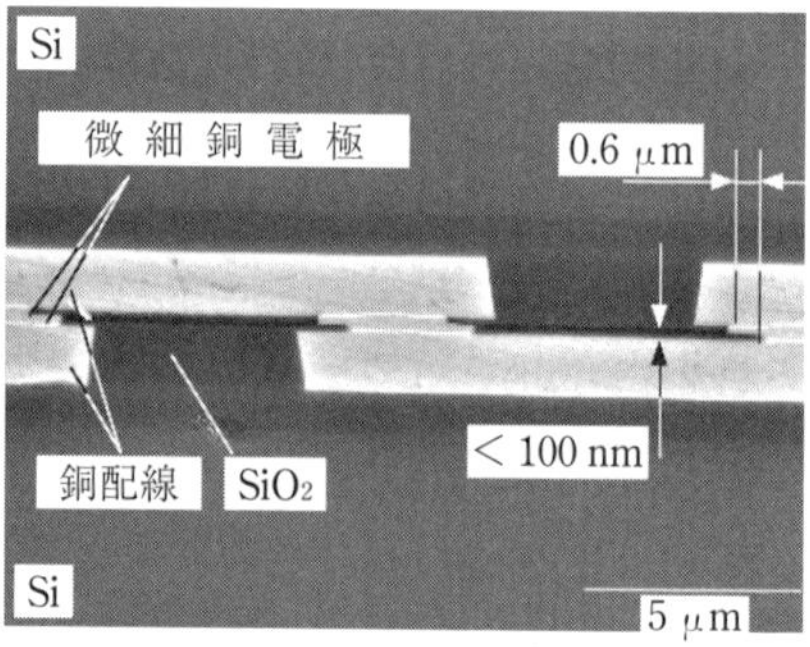

写真 16　3 μm 微細銅電極 10 万端子の一括常温接合の例（文献 2 より引用）

また、常温接合は、銅のみならず、原理的にはさまざまな材料の組合せで可能ですので、ダイヤモンドとか、いろいろな分野での適用が試みられています。単純な、ものをくっつけるという作業が、じつは原子のレベルの話にさかのぼるというのも面白いではありませんか。

【引用・参考文献】

1　須賀唯知：「触れるだけでくっつく―常温接合の世界」現代化学、7号、三一―三八頁（一九九八年）

2 重藤、伊藤、須賀：「Cu 超微細電極の常温接合を用いたバンプレスインターコネット」信学論C（二〇〇五年十一月）

二五 マイクロメートルのたい焼きくん

同じ形の製品を大量に安くつくるには、金型を使います。この金型を簡単に説明すると、たい焼きにたとえることができます。たい焼きの型は二つの鉄板にたいの形が半分ずつになっていて、その中に材料を入れて焼き上げるとおいしいたい焼きができます。

金型も同じように、二つの金属板に製品の形となる空洞を切削や放電加工などにより作製し、この空洞にプラスチックや溶けた金属などを充てんして形をつくる道具です。では、この金型を目に見えないくらい小さくつくるにはどうしたらよいでしょうか。

小さいという言葉からマイクロマシンが連想できます。しかし、実際にマイクロマシンを見た人は少ないでしょう。マイクロマシンの技術はこれまでセンサーなどに多く利用されていますが、小さいために動きを肉眼で確認することは非常に困難です。

このマイクロマシンは油などの潤滑剤を使用しない環境で動作させるため、材料の摩擦が小さく、摩耗が少ないことが必要とされています。半導体のシリコンで製作されているものが多いのですが、これは摩擦する動作がこれまでのマイクロマシンでは少ないため、シリコンで製作可能です。動作のあるマイクロマシンでは、部品が少しでも摩耗しては問題となります。そこで、マイクロマシンの材料には、より硬くて摩擦係数が少ない材料が求められています。

ダイヤモンドは地球上の物質の中でいちばん硬くて摩擦係数も小さな物質であるため、マイクロマシンの材料として期待されています。このダイヤモンドは、炭素が高温高圧の地球内部で圧縮され、生成される炭素の結晶であり、自然に生成される鉱物の中で最も硬い物質です。また、大きさや形状に制約はありますが、人工的にもつくることができます。

しかし、品質の良い単結晶ダイヤモンドは、つくることが難しいため、非常に高価です。ダイヤモンドは宝石としてだけではなく、その硬さを生かして工業用途にも広く利用されています。人工のものや宝飾用途に適さない色の天然の結晶は、研削や切削に使用されています。この理由は、摩耗しにくく、非鉄金属である銅やアルミニウムの切削では、精密加工や鏡のようなきれいな面に加工できるからです。しかし、ダイヤモンドは硬いため、工具などの形状に加工することは困難です。

では、このダイヤモンドを加工するにはどうしたらよいでしょうか。宝石ではダイヤモンドの原石を同じダイヤモンドの微粉末で研磨して、美しいブリリアントカットなどに仕上げています。しかし、この研磨の方法では面としての加工は可能ですが、金型にする場合の三次元形状の凹形状の加工は非常に困難です。

それでは、ダイヤモンドは凹形状に加工できないのでしょうか。いいえ、軟らかなもので硬いものを加工する方法があります。その一つに、水を利用して材料を切断加工するウォータージェット加工があります。この方法は水に高い圧力をかけて超高圧水にして、この水を〇・二ミリメートルほどの細いノズルから高速度で噴射させて加工を行う方法です。金属やプラスチックなど、ほとんどのものを切ることができます。このように高速度にすれば、軟らかな材料で硬い材料を加工することができます。しかし、このウォータージェットでマイクロマシンは製作できていません。ではどうしたらよいのでしょう。

顕微鏡でも観察できないような小さな物体を観察する方法として、電子顕微鏡があります。光学顕微鏡との大きな違いは、光ではなく電子線を用いていることです。光学顕微鏡の分解能は光を利用しているため、光の波長より小さな物は観察できません。光の波長は約四〇〇ナノメートルから八〇〇ナノメートルのため、一マイクロメートル程度の大きさが観察の限界です。電子顕微鏡の場合は、電子の波長はすごく小さいため、原子レベルまで観察できる顕微鏡もあります。

走査型電子顕微鏡は、電子銃で発生した電子線を電子レンズで収束させて細くさせ、観察試料表面に走査（ブラウン管テレビでも電子線が画面の上から左右に下に向かって走査されている）し、電子線が当たった箇所から発生する二次電子を検出して、走査された一点一点を凹凸の情報としてコントラストの情報に変換し、走査された範囲を拡大して画面に映像化しています。では、この電子線で加工ができるのでしょうか。

半導体の分野では、電子線を利用した微細加工がすでに行われています。しかし、電子は質量が小さいため、大きな加工速度を得ることができません。そこで、電子よりも重いイオンを用いたらどうでしょう。

このイオンを用いた装置に、集束イオンビーム（FIB：focused ion beam）加工装置があります。イオンをモノにぶつけると、当たった部分から原子が飛び出します（これをスパタッリングという）。そんな原理を応用して、イオンビームを工具として加工する機械です。

集束イオンビーム装置は、一般的にガリウム金属イオンを数十万ボルトに加速し、試料表面へ集束させて照射することによって、走査イオン像の観察や電子制御によるマスクを使用しない除去加工、溶接のようなデポジションなどを行う半導体プロセスの評価装置として利用されています。

この集束イオンビーム装置は、本来、電子顕微鏡観察を行う際に特定の場所の断面加工、あるいは試料を厚さ一〇〇ナノメートル程度に薄く加工するための試料前処理装置として利用されてきました。しかし、使用するビームは直線加工に限定されていました。

近年、集束イオンビーム装置では、イオンビームのスポット径が五ナノメートル程度に微細化され、ナノサイズの加工を行えるようになってきました。加工のための形状機能として直線だけでなく、矩形、円や自由曲線などの任意形状加工のほか、画像データの一種であるビットマップデータを用いた加工や、さらに任意の一点のビーム照射時間を制御できることによる三次元加工に対応する機能が付いています。

そこで、集束イオンビーム装置は、次世代の三次元形状を加工するためのマイクロ・ナノ金型の作製装置として、最適な加工装置であると考えられます。

集束イオンビーム装置では、おもにガリウムイオンビームを集束してスポット径を小さくし、被加工物に照射して材料の表面をたたくことで原子レベルの加工を施すといった、ダイヤモンドの加工もできる、現在のところでは究極の機械加工機ということができます。

特に、マイクロ・ナノ金型で注意しなければならない点として、一般の金型ではあまり問題とならないサブミクロン程度の摩耗が生じてもナノ金型として利用ができなくなるため、耐摩耗性が特に必要であり、そのほかに高剛性や成形時に潤滑剤や離型剤を使用することができないため、成形後に金型から製品を離型するための優れた摩擦特性などがマイクロ・ナノ金型には要求されています。このような点からマイクロ・ナノ金型の材質として、ダイヤモンドは超硬質、高剛性、熱伝導性、光透過性、高屈折率などの優れた性質を有しており、最適な材料といえます。

しかし、ダイヤモンドを加工できるとはいえ、三次元形状に加工することは困難でした。そこで、この集束イオンビーム装置と、目的の形状に加工するための三次元形状の設計を行うためのC

ＡＤとをつなげて、ダイヤモンドに対して完全三次元形状の微細加工を行う方法を考案しました。

では、実際にどうやって加工を行うのでしょうか。集束イオンビームによる完全三次元形状ナノ加工の例として、イオンビームを走査させる各座標に対する三次元形状データの xy 座標の一点ごとの z 軸方向の高さに相当する長さを、ガリウムイオンビームの滞在時間に対応させて、加工領域全面の各点を順次制御し、加工を行うことで実現できました。この加工方法は、ＣＡＤデータを利用し、機械を制御することから、機械加工のマシニングセンターと類似していますが、工具がイオンビームであるため、ビームによる加工では工具位置を静止しても、加工が進行してしまう点が、機械加工装置と大きく異なります。また、ダイヤモンドに対する最小加工寸法は約二〇ナノメートルと極小であり、普通の機械加工では実現不可能な小さい寸法です。

　この加工装置により製作された単結晶ダイヤモンドにたい焼き形状を加工した例を写真17に示し

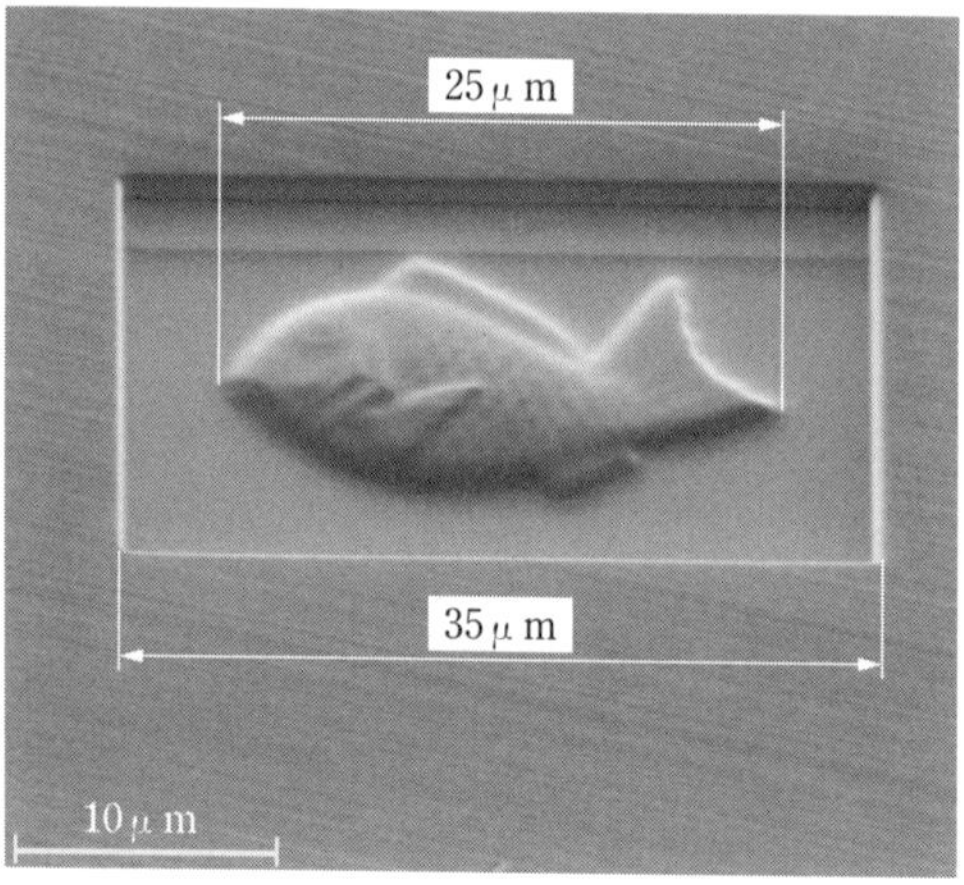

写真 17　25 マイクロメートルのたい焼きくん（単結晶ダイヤモンドにたい焼き形状の FIB 加工）

ます。たいの全長が二五マイクロメートルに加工されています。この加工には座標データ数は約四十万点を使用しました。これらの形状の一点一点におけるビームの滞在時間を制御し、三次元形状加工を実現しています。ただし、ここで示したような高精度に加工を行うためには、加工に使用するビーム電流を小さくし、ビームスポット径を小さくしたため、加工時間は四時間を要しました。

この加工にも問題点はあります、ダイヤモンドやガラスなどの絶縁物試料をガリウムイオンのような荷電粒子で加工や観察を行うと、そのイオンの電荷により、試料表面層およびその近傍が帯電します。これがチャージアップと呼ばれる現象です。集束イオンビーム装置で用いられるガリウムイオンの場合、プラス電位にチャージアップします。このチャージアップのためにイオンビームが曲がったりするので、目的の位置にイオンビームが当たらないため、像のドリフトなどが起こり、精度よく加工できなくなることがあります。このため、電荷がたまらないようにする工夫が必要となります。

また、加工に用いるデータは、その数が多いほど細かく形状が制御できるため、加工精度が向上します。使用した装置の最大制御点数は百万点ありますので、現状では十分な精度です。

この完全三次元加工に使用するデータの作成方法は、ＣＡＤまたは三次元形状測定機等により作成されます。得られた三次元形状データを変換して使用することができます。しかし、ＣＡＤの形状データを集束イオンビーム装置で使用するためのデータに変換するソフトがないため、この装置では新たにプログラムをつくり、変換しておきます。CADは自由な三次元形状をつくり出せるため、形状の設計変更があってもデータの変更を迅速に対応させることが可能となります。また、加工する大きさは、集束イオンビーム装置の加工できる範囲内で自由に変更できます。

このように、集束イオンビーム装置を用いて小さな三次元形状を自由に加工できることを示しましたが、今後はこの型を使用して小さなたい焼きをたくさん早くつくる方法を考えていきます。

指サイズの電子顕微鏡

電子顕微鏡は、電子ビームを使って光では見えない小さなものを観察する装置です。私たちのよく知っている光学顕微鏡は光学レンズを使って像を拡大して観察します。光の代わりに電子を用い、光学レンズの代わりに電子レンズを用いて、物体を拡大して観察する装置が電子顕微鏡です。肉眼では〇・一ミリメートル程度、光学顕微鏡では〇・五マイクロメートル程度を分解するのが限界ですが、電子顕微鏡は原子の大きさに近い数オングストローム（一オングストロームは一メートルの百億分の一）まで分解することが可能です。

電子顕微鏡には、透過電子顕微鏡と走査電子顕微鏡の二種類があります。現在、さまざまな分野で広く用いられているのは走査電子顕微鏡です。走査電子顕微鏡は試料表面を数ナノメートルぐらいに細く絞った電子ビームで走査し、このとき、試料から発生する二次電子を検出して画像にします。生物・医療の分野ではバクテリアやウイルスなどの観察、半導体分野では○・一マイクロメートル以下のパターンやトランジスタの形状の観察など、目に見えない微細な試料の観察に幅広く用いられています。

図49に走査電子顕微鏡の構造と動作原理を示しています。電子銃から放出された電子ビームはコンデンサレンズで一回絞られ、さらに絞りと対物レンズで数ナノメートルまで細く絞られます。細く絞られた電子ビームは走査コイルにより試料表面上を走査します。

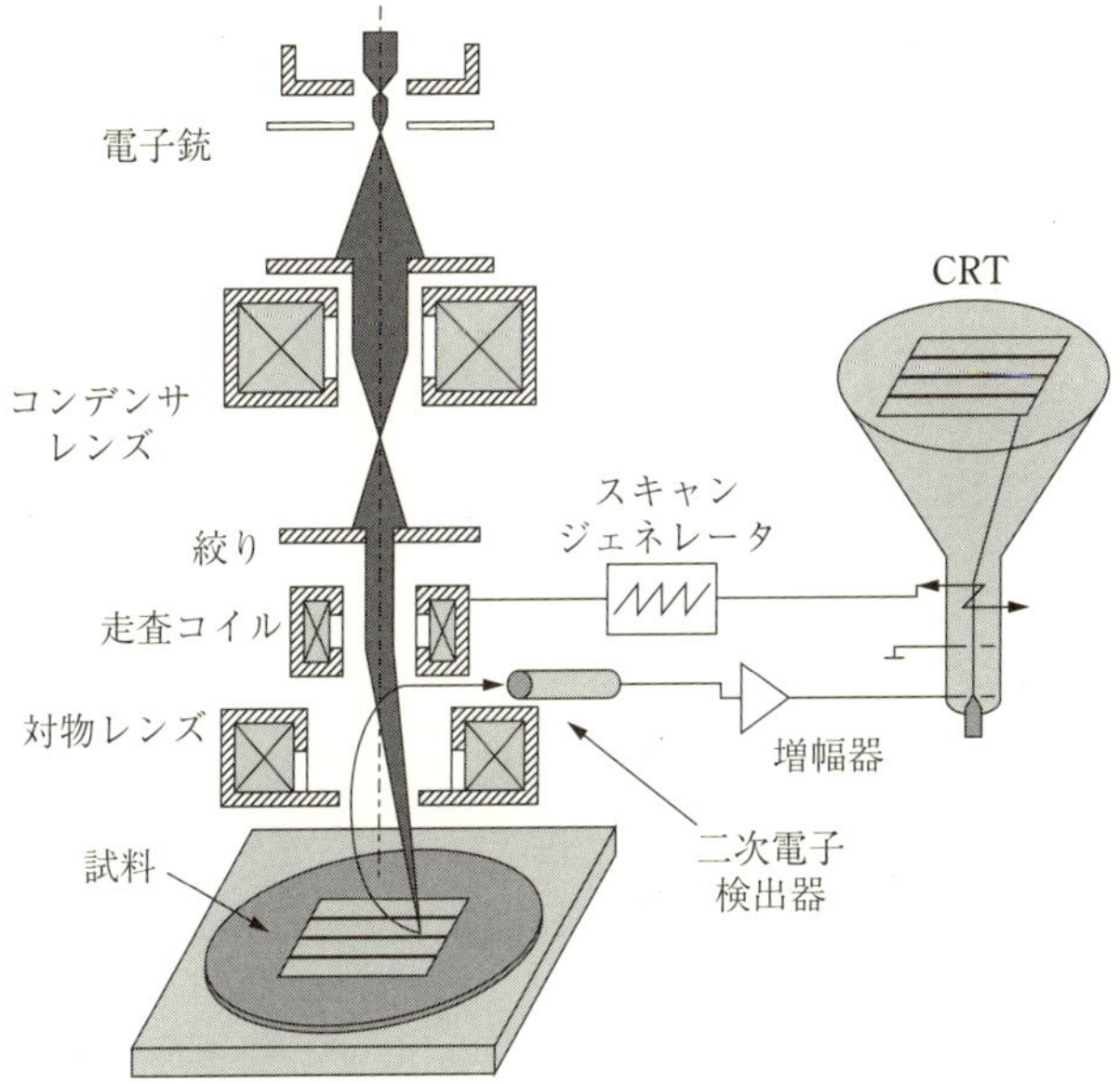

図 49　走査電子顕微鏡の構造と動作原理

試料表面から発生した二次電子は二次電子検出器に集められて電気信号に変換されます。試料上の電子ビームの走査と同じ信号がＣＲＴにも同期して送られるので、テレビと同じ原理で試料表面の形状が数千倍から数万倍でナノメートルレベルの分解能で拡大して観察することができます。

電子レンズの構造を図50に示しています。電子レンズには、磁界によって飛んでくる電子に力を与えて軌道を変える磁界型レンズと電界によって力を与える静電型（電界型）レンズがあります。どちらも原理としては同じで、電子を屈折させて細く絞ります。磁界型レンズは銅線のコイルをコ

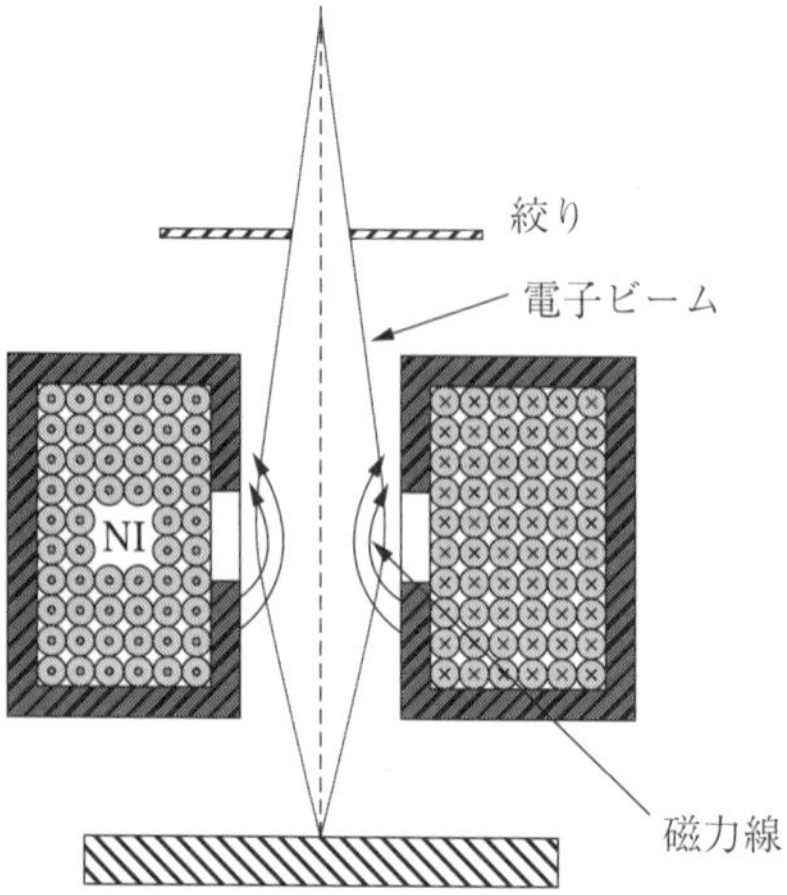

（ａ）磁界型レンズ

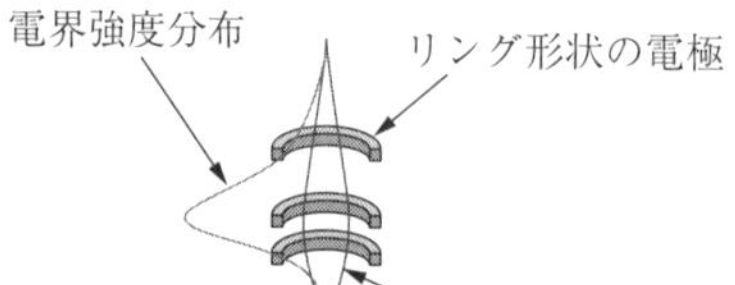

（ｂ）静電型（電界型）レンズ

図 50　電子レンズの構造と動作原理

アと呼ばれる鉄などの強磁性体に巻いて、その一か所を開けておきます。そうすると開けておいた部分から磁力線が漏れ出して、この漏れ出した磁力線がつくる磁界の変化が電子を屈折させます。

一方、電界型レンズではリング状の電極を並べて、普通は両端の電極を〇ボルトとして、中央の電極に適当な電圧を印加します。そうすると電界強度の変化が起こり、この強度分布により電子を屈折させます。

これまでの電子顕微鏡は高価で、なによりもとても大きな装置でした。そのために電子顕微鏡を置くための特別の部屋をつくって、観察したい試料があるとそこに持ってきて観察していました。もしも電子顕微鏡を自由に持ち運びできるように小さくつくることができれば、「見たいときに見たいところで観察する」ことが可能になります。このような小さくて持ち運びのできる電子顕微鏡を「親指サイズ電子顕微鏡」と呼んでいます。

親指サイズ電子顕微鏡という名前は、図49で説明した構造の、電子銃、電子レンズなどの電子光学鏡筒（コラム）が、人間の親指ぐらいの大きさに小さくなるということからきています。

このように小さな電子顕微鏡をつくる方法を説明します。つくり方を考える前に、小さくつくることを目的としたときにいくつかある、それぞれ一長一短のある技術の中から、小さくすることに向いている技術を選択することが必要です。

まず、装置の大きさを制限している電子レンズを簡単な構造にして小さくします。図50を見ればわかるように、磁界型レンズに比べて電界型レンズは金属リングの電極があるだけでとても簡単な構造です。この電界型レンズを使えば電子レンズを小さく軽くつくることができます。

つぎにつくり方を考えます。電界型レンズは構造が簡単であるといっても、一つのレンズをつくるのにリング状の電極の間にセラミックスのような絶縁物を挟みながら順番に組み立てていき、さらに何段も重ねて電子光学鏡筒を製作していきますが、これらのレンズの組み立て精度は数マイクロメートル以下が要求されます。このような高い精度の組み立てには経験を積んだ熟練した専門家が必要で、かつ組み立ての手作業のためにどうしても装置は大きくなってしまいます。

すべてのレンズ電極を組み立てずに一体化してつくることで小型化でき、なおかつ組み立て精度も高くすることができます。このように、これまでは別々につくって組み上げていたものを一体化してつくることを集積化といいます。この考え方はトランジスタが集積回路（ＩＣ）になってコンピュータが小型化され、しかも高性能になったことと同じ考え方です。

図51のように、一本のセラミックスの円筒の中に電子顕微鏡に必要なレンズの電極を一体にしてつくります。走査電子顕微鏡の原理で説明したコンデンサレンズ、偏向器、対物レンズ等がすべて集積化されています。この円筒部分の大きさが人の親指ぐらいの大きさになっているので、この部分を親指サイズコラムと呼んでいます。セラミックスは機械的な強度があり、電気的特性も安定しているので、電子部品として広く用いられている優れた材料ですが、金属などと比べても非常に硬

いので加工が難しい問題があります。そのため、このように小さくて複雑な形状を高い精度で加工するときには、材料の製作から加工にかけての製造工程に工夫が必要です。

まず最初に、アルミナの粉末材料を型に入れて、圧力を均一に加えて圧縮させながら成形します。均一に圧縮し、加圧成形するために弾性のあるゴムで型をつくり、油のような密度の高い液体中で高圧で圧縮します。液体中で圧力をかければ均一に圧力がかかり、成形後のゆがみや材料の不均一分布などが発生せず、均一な特性が得られます。こうして円筒形のセラミックスの素材を製作します。このような製造方法を静水圧成型法（ラバープレス法）と呼んでいます。

この時点ではセラミックス素材はまだ焼成されていないので、さほど硬い材料ではありません。この

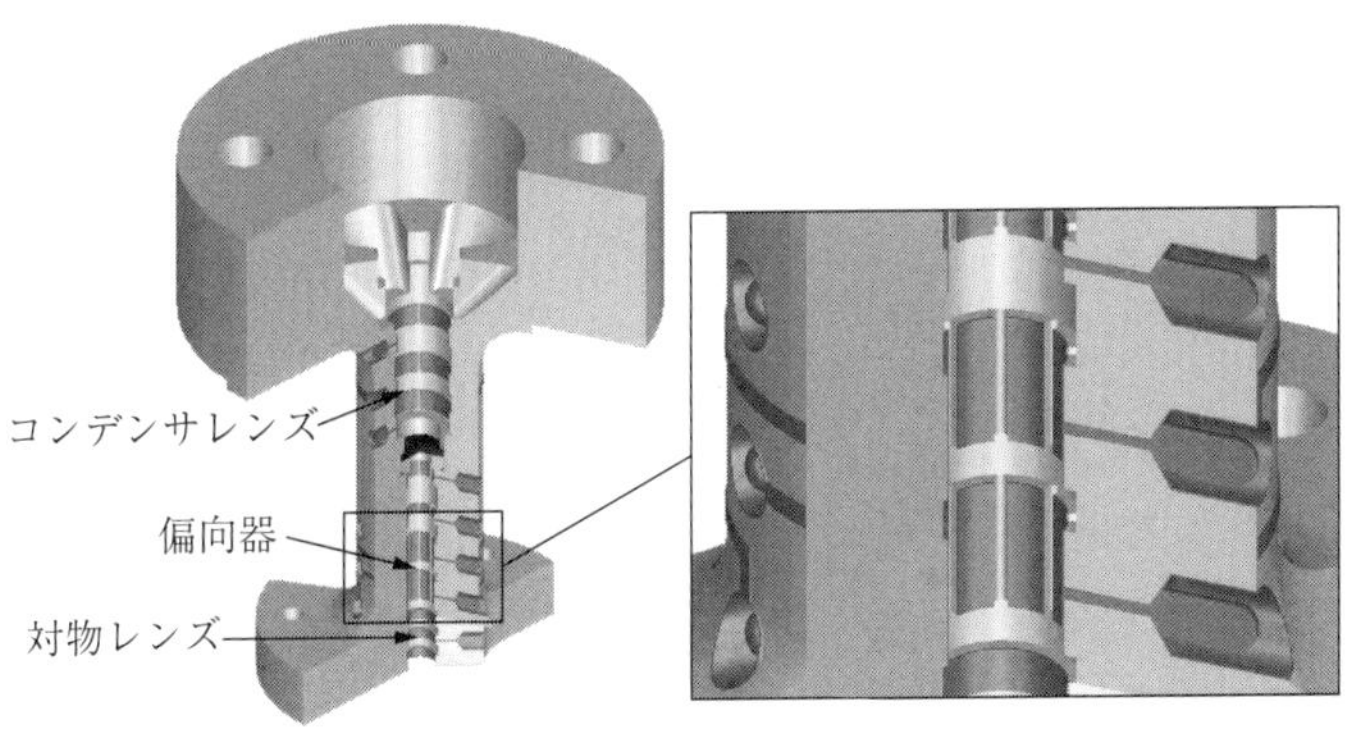

（a）断　面　図　　（b）偏向器部分の拡大図

図 51　親指サイズコラム

状態で外形を決める加工を行います。図52にその工程を模式的に示しています。図（a）の円筒ブロックの外筒部分を切削により加工します〔図（b）〕。続いて、内筒部分を同じく切削により加工します〔図（c）〕。こうして図51に示したような外形のセラミックス素材が製作されます。このセラミックス素材を約二〇〇〇℃で焼成してセラミックスにします。

ここから電界レンズの電極を製作する工程に入ります。レンズ電極は研削加工とめっきで製作します。まず、レンズ電極以外の部分を研削で溝をつくります。研削は硬い刃で材料を削り取ることです。高温で焼成されたセラミックスは非常に硬いので、研削のための先端の刃（研削工具）にはダイヤモンドを使います。

縦方向の溝と横（円周方向）の溝を研削により製作します。電極間をこのように溝により分離す

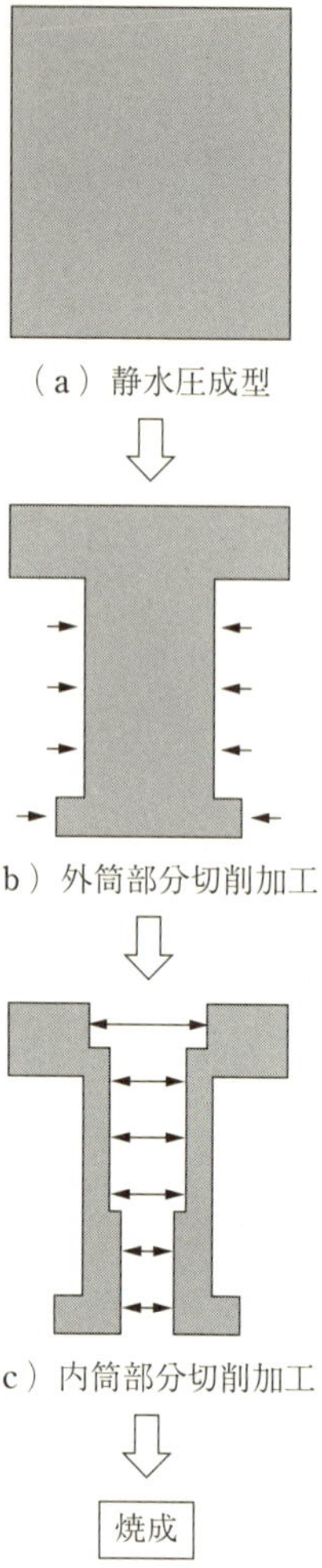

図 52　親指サイズコラムの外形加工方法

ることで表面距離を大きくし、電極に高い電圧を印加しても破壊されにくい構造にするためです。図51の拡大図のように研削加工で縦方向と円周方向に溝を掘って電極部分が形成されています。これらの電極はスルーホールと呼んでいるセラミックス中に開けた穴で、外部と接続されて電圧が印加されます。

さらに円筒内面の加工精度を上げるためにラッピングとポリッシングを行います。ラッピングは鋼のような硬い材料で内面を研磨する技術で、ポリッシングはさらに精密な表面加工をするために、細かい粉末（砥粒）を使って精密な研磨を行う技術です。こうして内面の加工精度は一マイクロメートル以下に加工されて人手で組み立てるよりもはるかに小さく高精度な電子レンズをつくることができます。

最後に研削した溝以外の部分を金めっきします。このためにはまず溝だけにホトレジストのような樹脂を流し込みます。その上から全体に金めっきをして、樹脂だけを溶かす薬品でホトレジストを溶かします。そ

写真 18　親指サイズ電子顕微鏡の外観

うすると、ホトレジストの上にもめっきされていた金は溶け出したホトレジストと一緒にはく離されて、溝以外の電極にしたい部分のみに金が残ります。このような製造方法をリフトオフプロセスと呼んでいます。

電子は大気中では気体の分子と衝突してしまうため、電子顕微鏡では真空が必要です。真空中を電子が飛ぶための真空装置も小型化することで持ち運びのできる電子顕微鏡をつくることができます。写真18はその全体写真で、高さが約三〇センチメートル、机の上に載るぐらいの大きさで、重さが五キログラム程度です。パソコンをつなげば、試料室中の試料を観察することができます。

このような電子顕微鏡があれば実験室の中を自由に持ち運んだり、屋外で電子顕微鏡観察することも可能になります。このことは、コンピュータがノートパソコンになってどこでも使えるようになったことと似たような便利さが期待できます。

ＬＳＩをつなぐ五〇マイクロメートルのはんだボール

電子機器と半導体の小型化

皆さんが毎日のように使っている携帯電話やデジタルカメラといった電子機器は、年々薄くなったり、小さくなったりしているのに、機能は格段に上がっていると思いませんか？　携帯電話の場合、カメラで写真だけでなく動画も撮影できたり、3Ｄゲームができたりと、ありとあらゆる機能を取り込んでいます。

デジタルカメラを例にとると、画像をディスプレイに映し出すために計算処理をしたり、撮った画像を一時的にためておいたりという機能は、「半導体パッケージ」と呼ばれる部品がその役割を果たしています。ここでいう半導体とは、ＬＳＩ（large scale integration：大規模集積回路）のことで、「トランジスタ、抵抗、コンデンサ、ダイオードなどの素子を数千～数百万個集めて基盤の上に装着し、各種の機能を持たせた電子回路」のことです。

ＬＳＩはちょっとしたゴミや水分でも壊れてしまうので、表面を保護しなければなりません。また、ＬＳＩの電極は数十マイクロメートルと非常に小さいので、ほかの電子部品とともにプリント配線基板にはんだ付けができるように、電極を数百マイクロメートルのサイズになるように配線しなおす必要があります。このため、ＬＳＩは配線とともに樹脂等で覆われ（パッケージング）、「半導体パッケージ」となっているのです。

さて、半導体パッケージは、入出力用の電極（ピン）の配置によって二つのタイプに分けられます。図53にその概略図を示します。電極が半導体パッケージの外周に配置されているタイプには、むかでのような足（リード）が出ています。リードは鉄とニッケルの合金、あるいは銅を主成分とした合金でできており、半導体パッケージはリードをプリント配線基板にはんだ付けして取り付けられます。

一方、電極が半導体パッケージの表面に配置されているタイプは、半球状の突起（バンプ）が付いています。この部分に、本項のテーマであるはんだボールが使われているのです。はんだボールとは、呼んで字のごとく球状のはんだです。

半導体パッケージは、はんだボールを挟むようにしてプリント配線基板に取り付けられます。むかで足のリードを使った半導体パッケージに比べ、はんだボールを使った半導体パッケージは表面に電極をくまなく配置できますから、同じ性能を持ったままサイズを縮小できるのです。すなわち、

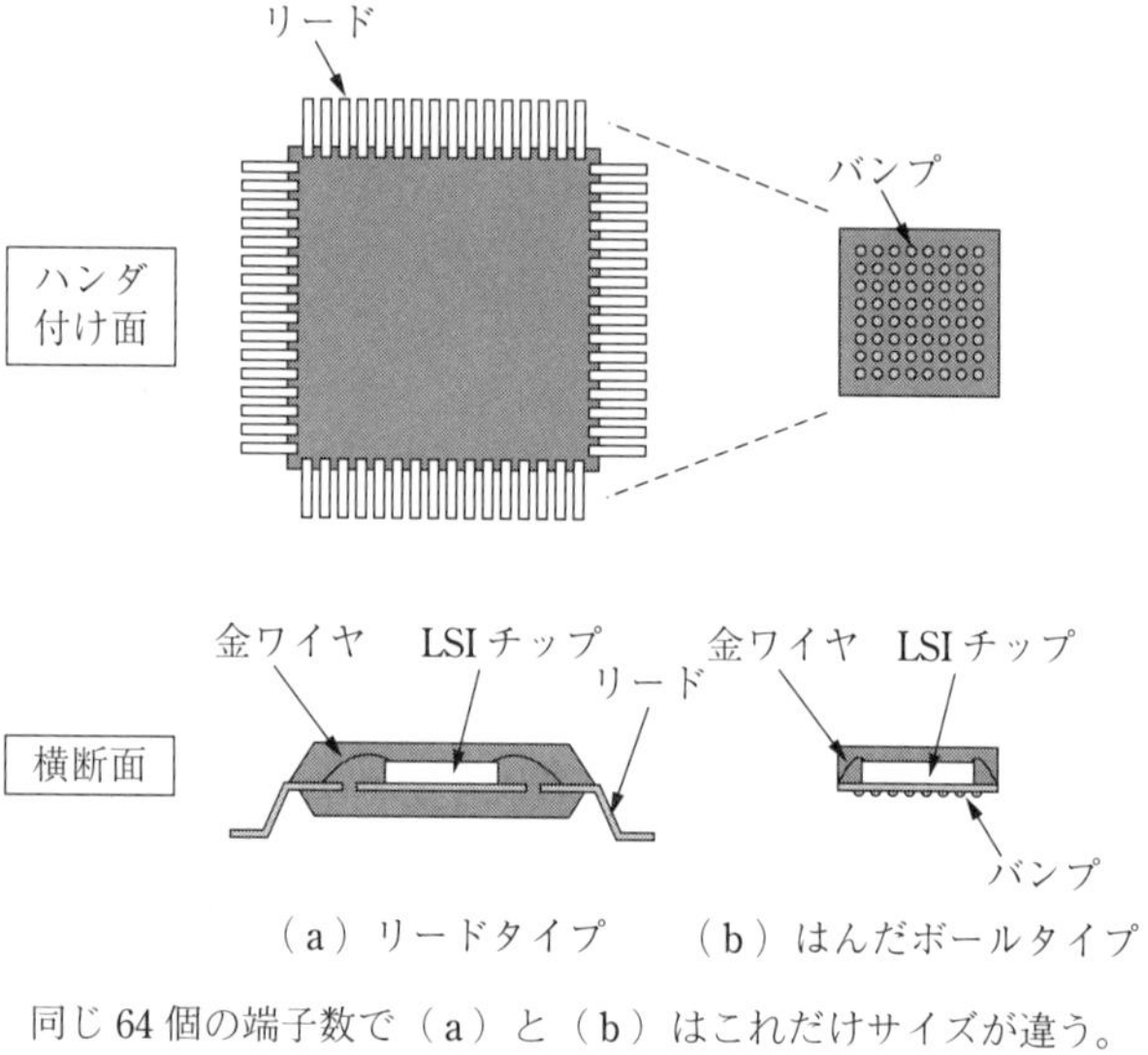

同じ64個の端子数で（a）と（b）はこれだけサイズが違う。

図53　半導体パッケージ

携帯機器の小型化・高機能化には、半導体パッケージの小型化が大きく貢献しており、その一端をはんだボールがまさに「担っている」というわけです。

はんだボールのつくり方

はんだボールのつくり方の説明に入る前に、はんだボールの実際の使われ方について簡単に述べます。はんだボールは、まず半導体パッケージの表面に並べられ、高温のオーブンで溶かされて電極に突起を形成します。この突起をバンプと呼びます。つぎに、バンプの付いた面を裏返して、バンプとプリント配線基板の電極とを位置合せして、再度、オーブンで溶かされ、パッケージとプリント配線基板がはんだ接合されます。実際には、ボールあるいはバンプを直接電極に接触させて溶かすのではなく、はんだ表面の酸化膜を除去するためのフラックスや、はんだ粉末とフラックスを混ぜ合わせたはんだペーストを電極に塗布してからはんだ接合します。フラックスは、松やになどを主成分とした高粘度の薬品です。図54に、はんだボールを使ったはんだ付けについて示しています。

一度に数百、数千のはんだボールを溶かして、プリント配線基板に接合させるわけですから、はんだボールの大きさが違うとバンプの高さがばらついて、溶かしたときに接合しないバンプができてしまいます。また、半導体パッケージの表面に整然と並べるためには、はんだの形状は球が最も扱いやすいのです。したがって、半導体パッケージの電極サイズに合うような数百マイクロメートル程度の大きさで、粒径のそろった真球状のボールを大量に生産できる製造技術を開発しなければなりません。

従来は、はんだの線材を等間隔で切断して、高温の油の中に落として溶かし、はんだの持つ表面張力で球状にして回収していました。この方法だと、小さいサイズになるほど同じ体積になるように切断することが難しくなります。そのうえ、はんだは油中で製造されるので、汚れが残らないように洗浄しないと、使用したときに接合不良を起こす可能性もあります。

そこで、粒径のそろったボールを大量生産できる方法として「均一液滴噴霧法」が考案されました。図55に、均一液滴噴霧法の概略図を示

① 半導体パッケージにフラックスを塗布し，はんだボールを搭載

② オーブンで加熱してはんだを溶かし，バンプを形成

③ プリント配線基板にはんだペーストを塗布し，半導体パッケージのバンプと位置合せして搭載

④ 再度オーブンで加熱され，バンプとペーストがはんだ付けされる

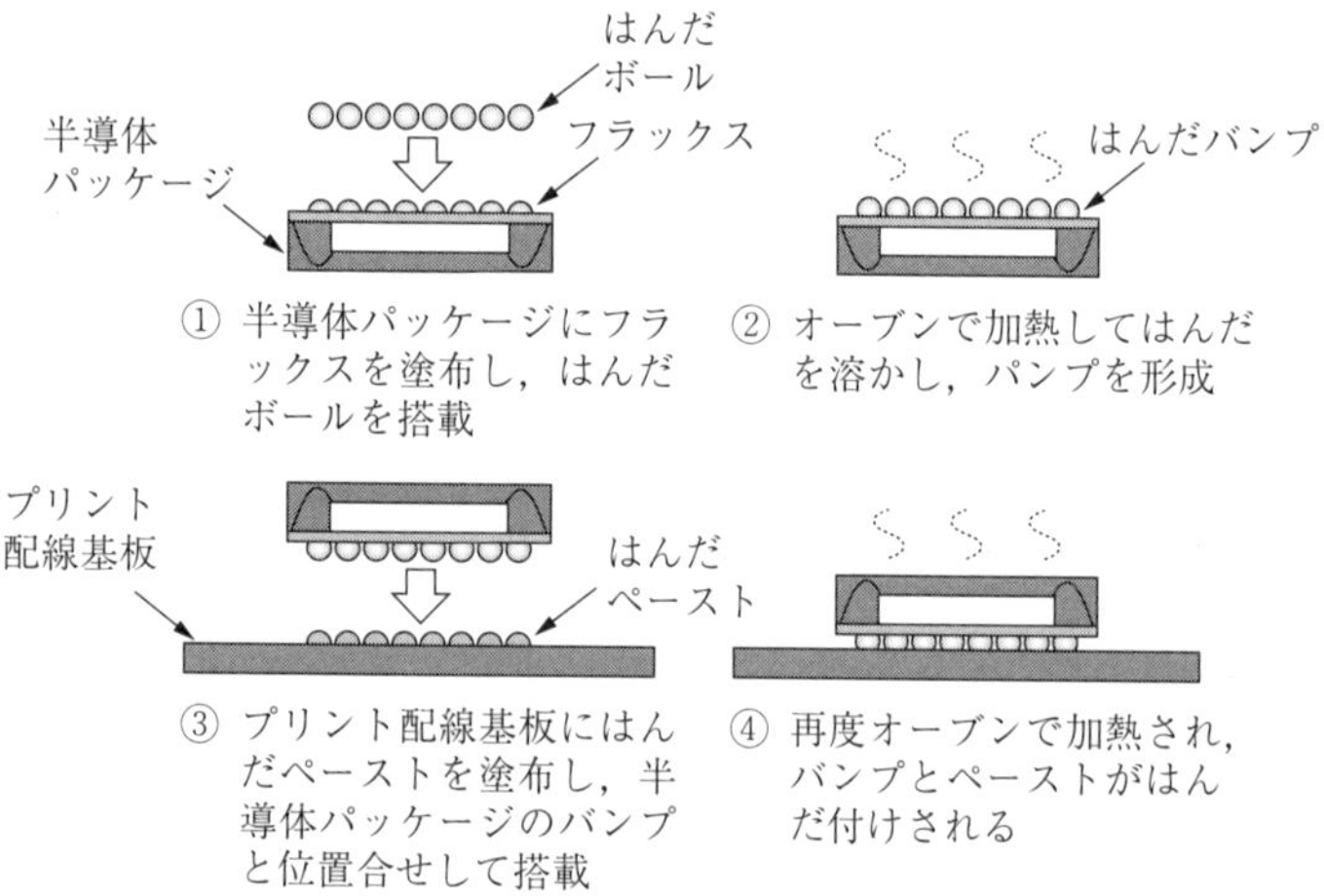

図 54 はんだボールを使った半導体パッケージのはんだ付け（実装）方法

します。この方法では、はんだボールを溶かしたはんだから直接、製造するのが大きな特徴です。はんだはるつぼ（金属を溶かす容器）で溶かされ、るつぼの底に設置されたノズルからガスで押し出されて、水鉄砲から出る水のように噴出されます。この状態で、るつぼの中にある振動棒を上下に振動させることで、一定の周波数を持つ振動を、ノズルを介してはんだ流に伝えます。すると、はんだ流は一定の間隔で分断されるため、分断された液体のはんだは、自らの表面張力によって球状化します。そのままガス中で凝固させると、写真19に示すようなはんだボールが出来上がるという仕組みです。製造の要点は、つくりたいはんだボールの直径に対して、ノズルの直径、はんだを押し出す圧力、はんだ流を分断する振動周波数の三つを、適度に調節することです。

通常、金属粉末を製造する手法としては、金属を溶かしてノズルから噴出させ、水や不活性ガス（窒素、アル

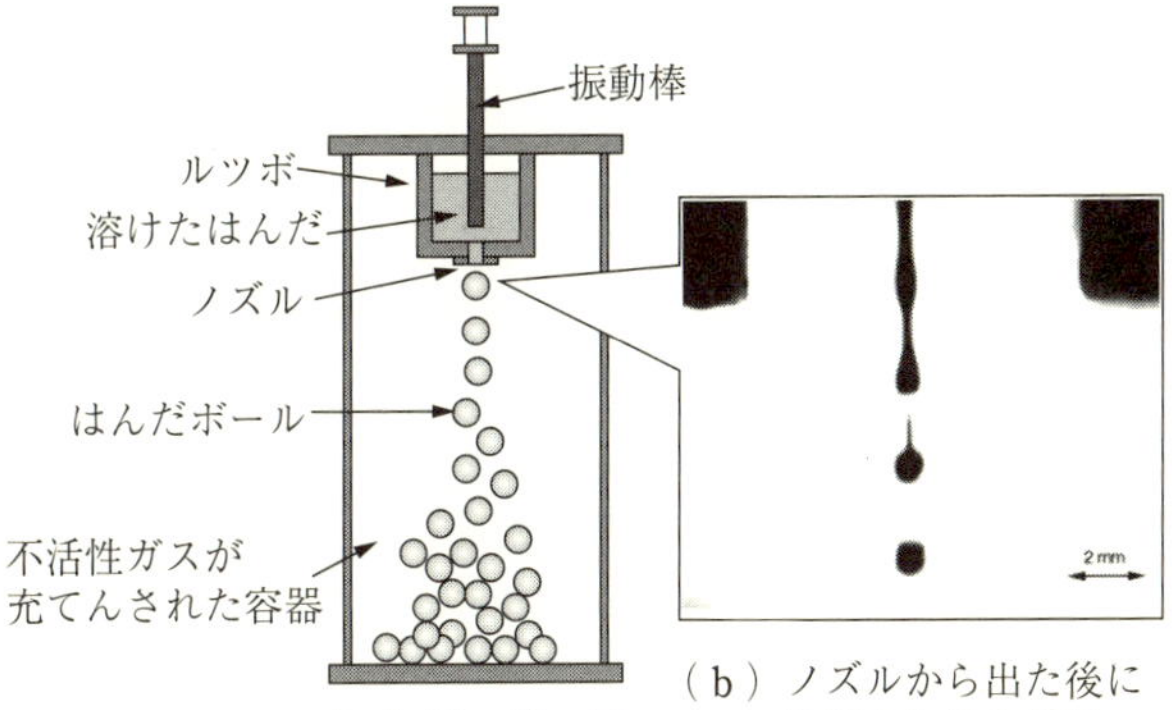

（a）概　略　図

（b）ノズルから出た後に
分裂するはんだ流

図 55　均一液滴噴霧法

ゴンなど金属と反応しないガス）を吹き付け、金属を霧状に噴射させて粉末を得る「アトマイズ法」が知られています。アトマイズ法を用いると、数マイクロメートルという微細なサイズの球状粉末が製造できますが、粉末一つ一つの粒径をそろえることは困難です。

しかし、均一液滴噴霧法では、はんだ流を等間隔で分断するため、精度良くボールの粒径をそろえることができます。例えば、三〇〇マイクロメートルのはんだボールを、プラスマイナス五マイクロメートルという範囲で製造することが可能なのです。また、はんだ流を分断するために加える振動の周波数は、数千～数万ヘルツにもなります。したがって、一秒間に数千～数万個のはんだボールが製造できることになり、はんだ線を切断するよりも圧倒的に速い方法であるといえます。

さらに、不活性ガス中で球状化させるので、はんだボールの表面が汚れることもありません。油を使わないので、油の洗浄剤も使う必要がなく、製造に伴う廃棄物がほとんどないため、環境への負荷も少ないプロセスなのです。

以上のように、均一液滴噴霧法ははんだボールの製造に非常に適した手法であるわけですが、そ

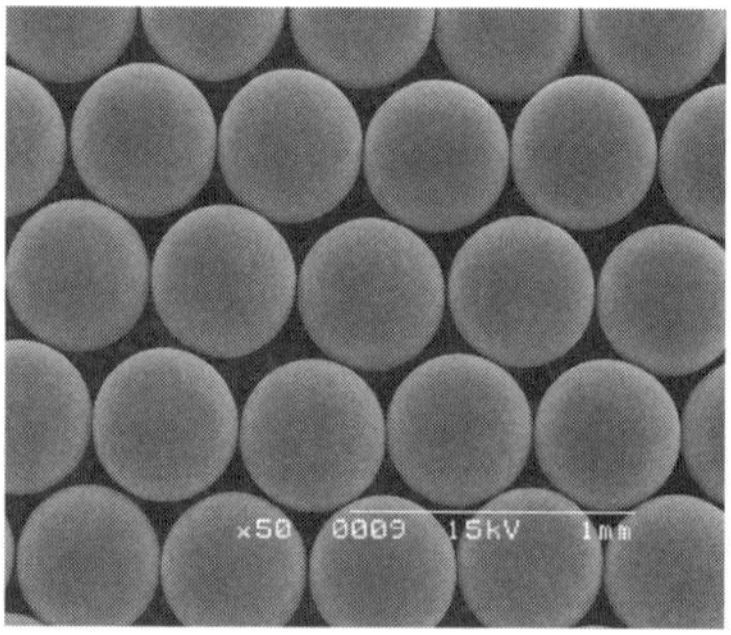

写真 19 均一液滴噴霧法で作製されたはんだボール

の原理は非常にシンプルです。水道から細く出した水も、よく観察すると下流で分裂しているのがわかります。これは、水と周りの空気との間に働く水の表面張力が、細い水流の状態を保つために釣り合っているのが難しくなり、流れが不安定になる結果、生じる現象です。ですから、ただはんだを噴出するだけでもはんだ流は分裂して液滴になりますが、分裂は不安定に起こるので、サイズのそろったボールをつくることはできません。そこで、強制的に一定の周波数を持つ振動を加えることで、はんだ流を等間隔に分裂させているのです。

超微細サイズへの挑戦

半導体パッケージは、小型化・薄型化によってＬＳＩチップ自体のサイズへと限りなく近付いています。多くのパッケージでは、チップの端子は、金ワイヤでパッケージ基板へ接続されていますが、チップ自体にバンプを並べ、裏返して直接接続する方式が近年増えてきており、これをフリップチップと呼んでいます。はんだバンプは、めっきやペーストの印刷で形成される方法が主流ですが、めっきの場合は合金組成のずれ、ペースト印刷の場合は印刷むらによるはんだ量のばらつきが、それぞれ問題となっています。

そこで、粒径のそろった微小はんだボールを使えば、非常に高精度で、合金組成の安定したバンプが形成できるというわけです。写真20にはんだボールを用いて樹脂基板上に形成されたバンプを示します。

二〇〇五年現在、フリップチップのバンプ間距離（ピッチ）は二〇〇マイクロメートル、バンプ径は一〇〇マイクロメートル程度が主流ですが、ＬＳＩチップの小型化がさらに進めば、はんだバンプも小さくなることが予想されます。現在、写真21に示すように五〇マイクロメートルという超微細なはんだボールが製造可能になっていますが、この小さいボールを、効率的に並べるための研究も活発に行われています。

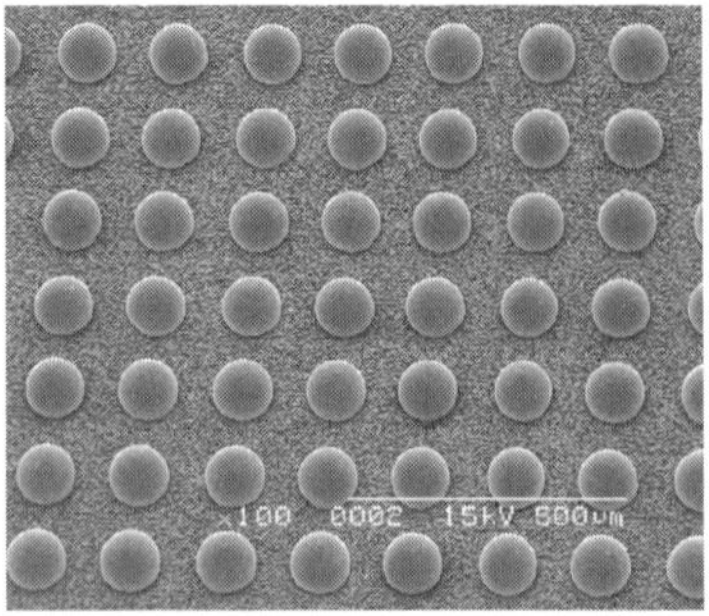

写真 20　LSI チップ上に形成された直径 100 マイクロメートルのはんだバンプ

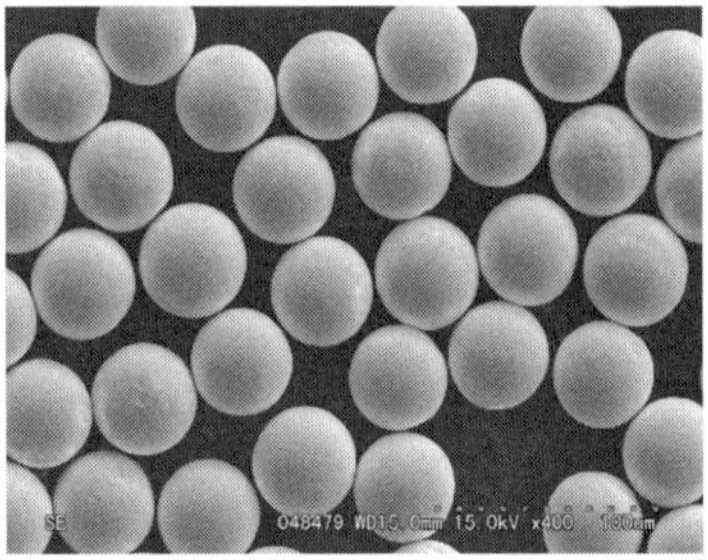

写真 21　直径 50 マイクロメートルの超微細はんだボール

はんだをめぐる環境問題

はんだといえば、これまですずと鉛の合金が主流でした。しかし、鉛は人体にとって有害な金属なのです。有害といっても触れる程度なら問題ないのですが、例えば、すずと鉛の合金はんだが使われた電子機器が廃棄されたとき、酸性雨によって鉛が溶け出し、土壌や地下水が汚染されることで、鉛が人体に取り込まれるおそれのあることが問題となっています。そこで、すず・鉛はんだを使用禁止にする取組みが世界規模で始まっています。最も進んでいる地域はヨーロッパで、欧州連合（EU）国内では二〇〇六年七月から、一部の例外を除いてすず・鉛はんだを使った電気製品は販売できなくなります。

すず・鉛はんだに代わるはんだ合金として、すず・銀・銅合金やすず・亜鉛合金、その他、インジウムやビスマスを含む合金が検討され、日本国内でも多くの電気製品で実用化されています。今回、ご紹介した「均一液滴噴霧法」では、金属をいったん溶かして球に成形するため、溶かすことさえできれば、基本的にはどんな合金でも球状化することができます。例えば、亜鉛やビスマスを含むはんだ合金は、比較的もろく、加工しづらいのですが、均一液滴噴霧法では加工が必要ないため、容易にはんだボールが製造できます。こうして、地球環境への負荷が少ない工業製品づくりに、はんだボールも貢献しているのです。

【引用・参考文献】

IT用語辞典e-Wordsのホームページ：http://e-words.jp/（二〇〇五年十月現在）

粒径一マイクロメートルの金属粉

私たちの身の回りにある電子機器の配線にはプリント配線板が多く使われています。樹脂やセラミックスでできた板に、細い金色の配線が形成されているのを見かけたことがあると思います。電気分解を応用してつくった薄い銅箔をあらかじめ貼っておき、必要な部分以外を酸で溶かし（エッチングといいます）、残った部分が回路になるのです。

さて、この方法では小型化・高密度化の要求に応じきれないという問題のほか、不要部分の銅を溶かしてしまうから無駄が出るとか、廃酸が生じるのでその処理に手間がかかるなど、環境上の問題も出てきました。

そこで、最近では銀や銅の粉体を使った方法が注目されています。銀粉、銅粉を樹脂と混ぜ合わせ、これを塗った部分を乾燥、あるいは熱をかけて樹脂を除去し、回路としているのです。この方法では、基板には高温に弱い樹脂は使えないという制約がありますが、セラミックス基板においては、基板の焼結と回路の焼成が同時に行えるという利点があり、普及が加速しています。

では、これらの金属粉はどのようにしてつくられているのでしょうか。やすりで削っている？もちろんそんなことはしていません。

一般に粉体を得る方法には大別して二通りあります。分子レベルから粒子を成長させるビルドアップ法と、粗粒子を粉砕して微粒子を得るブレイクダウン法です。

金属粉を得る伝統的な方法は、鉱石を酸処理した溶液を還元することで一マイクロメートル前後の微粉体を得る方法があり、これが現在最も一般的な金属微粉末の製造方法になっています。これはビルドアップ法に当たります。

ブレイクダウン法で一般的な方法は、金属酸化物を機械的に粉砕し、得られた微粒子を還元して酸素を取り除く方法です。一般に酸化物は、元の金属に比べて硬くもろいのでこのように細かくできるのですが、細かさには限界がある上、粒子も不規則形状になってしまいます。

これらに対して近年伸びてきているのが、水アトマイズ法による金属粉です。

これは加熱熔《よう》融した金属に高圧の水流を激突させて粉砕凝固する方法で、ブレイクダウン法に分類されるわけですが、〇・五〜二〇マイクロメートルの粒度分布をもつ金属粉を製造することが可能です。

「熔《と》けた金属に水をかける⁉」、ちょっと金属を知っている人ならびっくりしますね。水は気化すると体積がじつに一七〇〇倍になります。熔融金属に水が接触するとその膨張が一瞬にして生じ、まわりの熔融金属を吹き飛ばしてしまう水蒸気爆発につながるのです。しかし熔融金属に対して水量が圧倒的に多ければその心配はありません。

装置の模式図を図56に示します。図でタンディッシュというのは、熔解炉から注がれた熔融金属を一時的にプールする底に穴の開いたるつぼで、材質はカーボンあるいはアルミナなどのセラミックスでできています。この穴の大きさは、できる粉の粒径に大きな影響を与えます。

ノズル部分は断面を示しています。ノズル本体の内周部から下方向の一点に向かって、ちょうどアイスクリームのコーンのような逆三角錐の、一〇〇〇気圧という超高圧の水ジェットが形成され

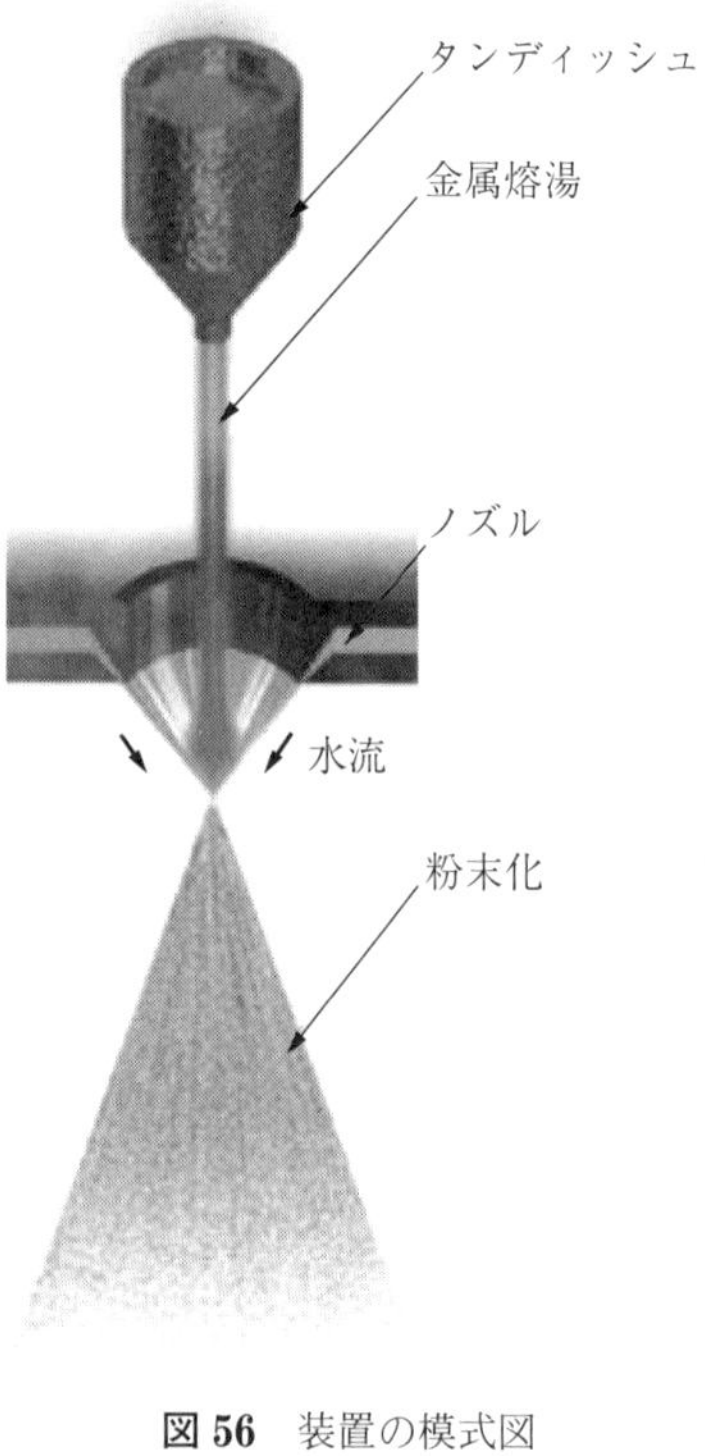

図 56　装置の模式図

ます。この水ジェットの状態が非常に重要で、水の流速と厚み、三角錐頂点の角度は、粒子形状、粒径・粒度分布、酸素含有量など、広範な影響を与えます。

さて金属熔湯流がタンディッシュより流下して水ジェットに近付くと、音速に達する水ジェットによって発生する周辺の空気の流れで加速され、細く引き伸ばされます。さらに進むと今度はその力が拡散する方向に働き、熔湯流は傘状に開いて液滴になり、これが雰囲気と水ジェットにより急冷・凝固して金属粉ができるのです。

熔湯流が傘状に開くのを、熔湯流の代わりに水流で実験している様子を写真22に、出来上がった銅粉を写真23に示します。

写真22では、一旦細くなった水流が傘状に開き、微細な水滴になっているのがよくわかると思います。

写真23に示す銅粉は、出来上がった原粉を粗い部分をカットして平均粒径一・五マイクロメートルに仕上げたものです。きれいに丸く仕上がった様子がよくわかるでしょう。

こうしてできた金属粉で形成した回路の様子を写真24に示します。

このテストパターンは、スクリーン印刷でセラミックスに回路を描き、焼成して仕上げたもので、回路自体の幅、回路隙間ともに四〇マイクロメートルとなっています。

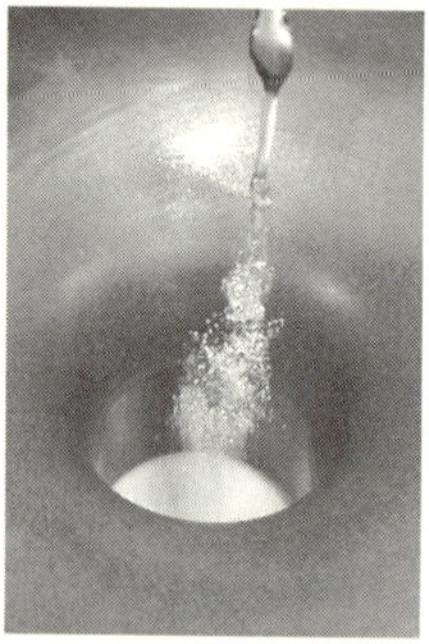

写真 22　水流での実験

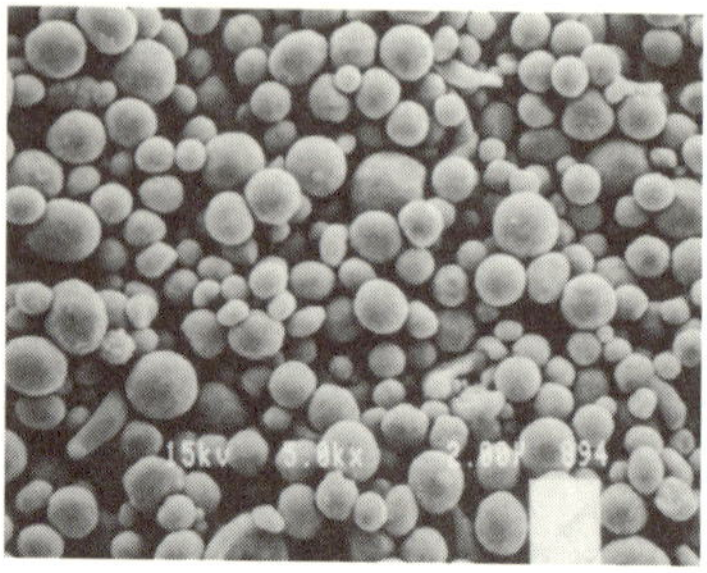

写真 23　銅　　　粉

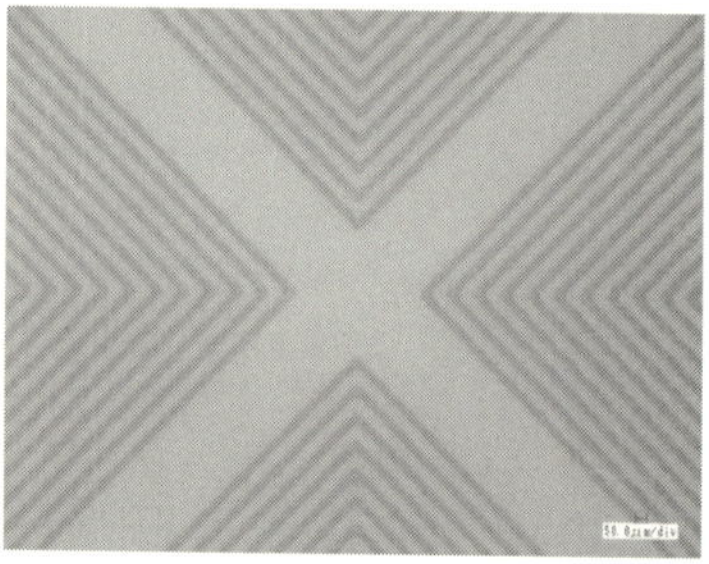

写真 24　金属粉で形成した回路

3　「見えないところで機能を支える」もの作り

超軽量エンジンバルブ

乗用車やオートバイの動力源はガソリンエンジンです。トラックやバスはディーゼルエンジンです。どちらのエンジンもシリンダの中でガスを燃焼させて、ピストンを押し下げる力を利用してクランクシャフトから動力を取り出しています（図57）。

シリンダの入り口にあるエンジンバルブを吸気弁、出口にあるものを排気弁と呼びます。どちらもほぼ同じような「きのこ」を逆さにした形をしていますので、これらのエンジンバルブをポペット弁と呼ぶこともあります（図58）。

吸気弁も排気弁も弁ばねによってカムに押し付けられていて、カムのリフトに従って開閉するようになっています。カムシャフトはクランクシャフトに巻き掛けられたチェーンによって、正確にクランクシャフトの二分の一の速度で回転する構造になっています。

ガソリンエンジンとディーゼルエンジンは基本的に燃料が違うので、ガスの燃焼のさせかたも相異して、エンジンバルブにも数々の特徴が出てきます。ここからは代表的な乗用車のガソリンエン

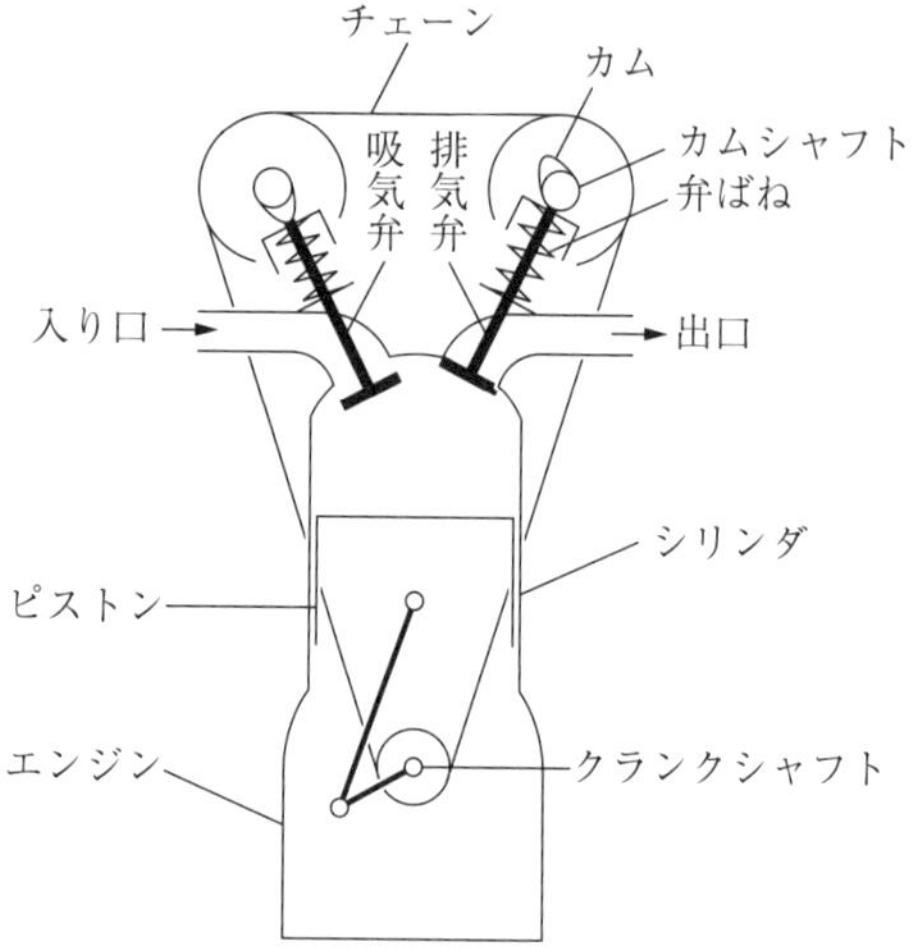

図 57　エンジン

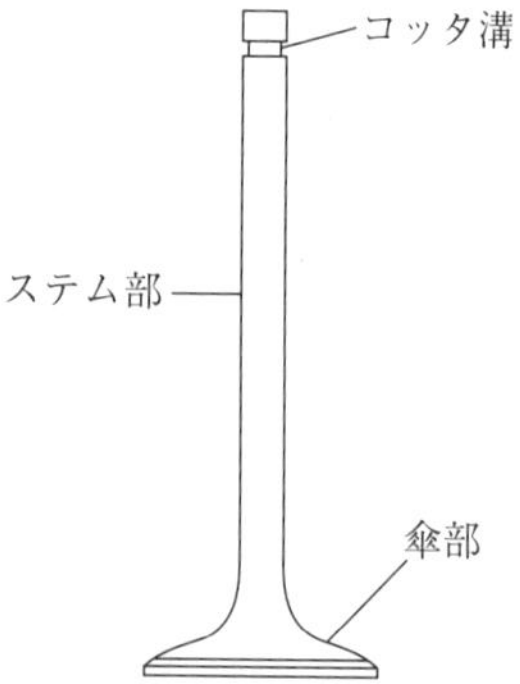

図 58　ポペット弁

ジンの吸気弁、排気弁について説明していくことにします。

先に、吸気弁と排気弁は同じような形をしているといいましたが、傘の直径は吸気弁のほうが二〇パーセントほど大きく、最高温度は吸気弁が三〇〇℃ぐらいであるのに対し、排気弁は八五〇℃にもなります。そこで排気弁はより耐熱性のある高級なステンレス鋼を使うことになって、小さいのに高価になっています。

最近、地球温暖化の防止のため、二酸化炭素の排出量を減らす運動が起こっています。二酸化炭素を減らすということは、自動車では燃料の消費量を減らすことであり、燃費改善が社会的にも自動車のユーザーからも強く求められるようになりました。

燃費というのは一リットルのガソリンで何キロメートル走行できるかで表します。日本では標準的な道路と走り方を決めていて、これをモード運転シミュレーションといって、具体的には、国土交通省が一〇・一五（テン・フィフティーン）モードでやりなさいと統一しました。自動車メーカー各社のカタログに表示されているこの燃費を比較すれば、同じ道路を同じ走り方をしたときのものとみなして優劣を判断することができるのです。

燃費の改善はたいへん難しい技術で、各社がしのぎを削っているところです。燃費に及ぼす要素は非常にたくさんあって、各社各様の改善策が発表され、まさに技術コンテストさながらです。

エンジンバルブはいま、世界で年間一〇億本が生産されています。自動車エンジンは多気筒、多弁化して一六バルブとか二四バルブといったエンジンが当たり前になり、身近なところで休みなく動いている大変ポピュラーな部品なのです。エンジンバルブはエンジンの奥深いところにあり、私たちが目にする機会はほとんどありません。しかし、燃費の良さとか二酸化炭素の削減とか、エンジンバルブの果たしている役割は大きいのです。

その中で、燃費を決定する基本事項として圧縮比、弁ばねの力、エンジンバルブの質量について少し詳しくお話ししていきます。

まず圧縮比ですが、ガソリンエンジンの熱効率は圧縮比が高くなればなるほど、上昇する計算が成り立っています。しかし、圧縮比が大きくなるとノッキングが生じて走れなくなります。また、ノッキングはエンジンが低速で回転しているときにより激しくなります。

つぎに弁ばねの力ですが、弁ばねはカムシャフトの回転によってリフトします。そしてカムシャフトはクランクシャフトとチェーンで結ばれていますから、弁ばねを強くすればするほど、カム駆動は重くなって馬力を損失してしまうのです。しかも、高負荷運転しているときでも、低負荷のときでもカムのリフトは同じですから、低負荷が多い標準モード運転では高比率でロスすることになります。

エンジンバルブの質量ですが、世界全体ではまだ二バルブが主流です。日本では、多気筒・多弁化により、一シリンダ当り四バルブエンジンが増え、エンジンバルブは小さく軽くなりました。質量は傘部とステム部で二分しています。傘は薄く、ステムは細くなり、だいぶスリムになってきました。それにともなって、強度を補う高級鋼材が必要になりました。また、コストに糸目をつけない高級車では、比重が鋼に比べて四〇パーセント軽いチタン合金が使われて軽量化されていますが、材質や形状だけで五〇パーセントを超すほどの軽量化は難しいのが実情です。

弁ばねの力をエンジンバルブの質量で割った値の単位は加速度の単位になります。この加速度が大きいほど、エンジンの限界回転速度は大きくなります。つまり、強い弁ばねを使い、軽いエンジンバルブにすると、エンジンバルブはカムから離れにくくなり、高速まで追従しますので、限界回転速度は大きくなるのです。レーシングカーやスポーツカーはこの設定になっています。

昔から中空弁というのがありました。一八七六年ドイツのオットー博士がガソリンエンジンを発明し、翌年、ダイムラーがエンジンを自動車に乗せることに成功しました。そして一九二七年にはあのリンドバーグが大西洋横断飛行をしました。そのエンジンには中空のエンジンバルブが使われていたという記録がありますから、軽量エンジンバルブはずいぶん昔から良いものだとわかっていたのです。しかし飛行機はジェットエンジン化し、自動車エンジンは大量生産時代を迎えると、製造が難しく、溶接などによる品質のばらつきと高コストから中空バルブは忘れられた存在となっていったのです。

超軽量エンジンバルブと呼んでいるのは、軽量化率五〇パーセント以上のものを指しています。

特殊な加工法を用いて、いままでにはなかった中空部をつくったものがほとんどです。しかも中空部に容積の半分ほどの金属ナトリウムを冷却剤としてつめることがあります。エンジンバルブが一〇〇℃以上になると、金属ナトリウムは液体となって流動し、エンジンバルブの温度を下げ、ノッキングを起こしにくくしてくれます。ノッキングが起こらなければ高効率化のために圧縮比をもっと上げることが可能です。

最近の研究でわかってきたことは、中空部をシリンダに開放すると排気効率が低下して、シリンダ内部に排気ガスが残留します。これを内部ＥＧＲと呼んでいます。超軽量化がもたらした一石二鳥の燃費向上策となるでしょう。

ここでは超軽量化エンジンバルブの製造法として、最も進化し、注目されている板金プレスによる多段深絞りを説明します。

写真25は、チタン合金の薄板を絞りとしごきのプレス加工をして、超軽量エンジンバルブをつくっていく過程を示したものです。左下のコイル状の薄板から、まず円板を打ち抜き、初絞り、次いで多段の再絞りを行います。この例では再絞りが十七段に設定してあり、後半の工程でしごきを加えて、精度向上と加工硬化をねらいます。たいへん面倒な加工のように見えますが、プレス型さえできてしまえば、プレス機の一ストロークで大部分は完成してしまいます。この後、コッタ溝を入れ、底板を接合して製品になります。

写真26は、ステンレス鋼の場合の半製品を示しています。左は従来のソリッドエンジンバルブで吸気弁です。中央はステンレス鋼超軽量エンジンバルブで、外形状は従来と同じサイズの吸気弁です。右はステンレス鋼超軽量エンジンバルブで、排気弁をハーフカットして中空部を見せたものです。まだ底板がついていない半製品です。

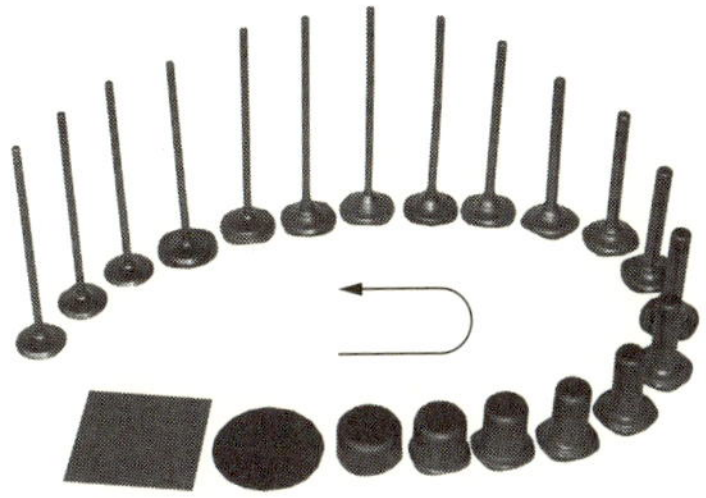

写真 25　超軽量エンジンバルブの製作過程

写真 26　ステンレス鋼超軽量エンジンバルブ

図59は深絞りの基本技術を説明するための図です。図(a)は円盤状のブランクに初絞りを行うところです。D_bはブランクの直径、D_dはダイ孔の直径です。図(b)は再絞りになり、Dは前工程での直径、t_0は前工程での板厚です。型の段数は絞り率によって決まりますが、八〇パーセント程度にするのが普通です。クリアランス、ダイR、パンチR、しごき率、ダイ角度などが重要なパラメータになり、潤滑油の選択の影響も忘れることはできません。

超軽量エンジンバルブについては、いま、ヨーロッパが一番熱心で技術的に先行しています。日本では、二社の自動車が金属ナトリウム入りの弁を取り入れているにすぎません。しかし、特許出願を調べてみると、全社が超軽量エンジンバルブに関心を寄せていることがわかります。

中空弁は大量生産時代には忘れ去られていましたが、高い加工技術と環境問題からの燃費改善ニーズにささえられて、超軽量エンジンバルブとして再び脚光を浴びることになったのです。

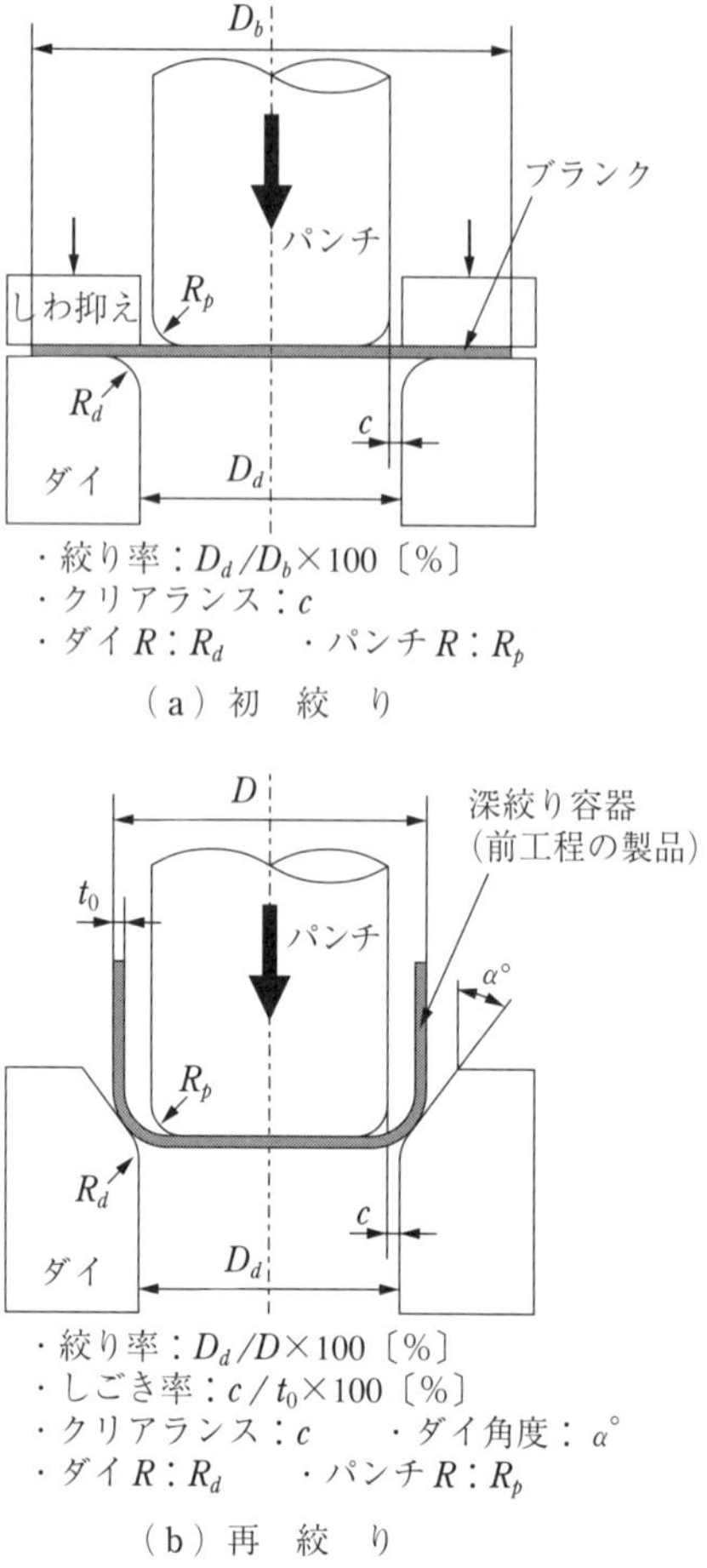

図 59　深絞りの基本技術

光触媒を利用したセルフクリーニングタイル

古代から使われているタイルは、現在でもデザイン性の高い建材として数多く利用されています。近年、光触媒という防汚性、抗菌性などを持つ材料をタイル表面にコーティングして、セルフクリーニング性を持たせたタイルが誕生し、使われ始めています。セルフクリーニング性とは、自然に汚れが落ちて、きれいになるという意味です。ここでは、光触媒を利用したタイルの製造方法について述べます。

タイルのつくり方

タイルの製造方法（乾式）を図60に示します。タイルの原料は、粘土、長石、珪砂などの天然のもので、細かく粉砕して使います。内装用タイル、外装用タイルで求められる寸法精度、緻密性などが異なるため、原料の組成は異なってきます。これらの原料を水と混合して、ミルと呼ばれる粉砕器で細かくします。粉砕して泥漿（スラリー）となったものを、スプレードライヤーと呼ばれる乾燥機に送り込みます。スプレードライヤー中の熱風の中に高速噴霧で送り込まれることで、泥漿が急速に乾燥し、球形で空洞上の原料粉末ができます。できた原料粉末を金型の中に入れて、高圧で圧縮して成型します。この際、原料粉末粒子の大きさ、加圧条件などを制御して、成型した素地の中に空気が残らないようにする必要があります。そうでないと、焼成後にタイルの中に空洞が残ってしまい、割れやすくなったりする可能性があります。成型したものは、焼成することで硬いタイルになるのですが、内装用タイルでは、先に素地焼成を行い、ある程度の強度を確保した後に、スプレーなどで釉薬《うわぐすり》をかけて本焼成を行います。本焼成により、釉薬がガラス状に溶けて固まり、タイルに色を付けると同時に硬い膜を形成し、タイルに水が染み込むことを防ぐ働きを持ちます。

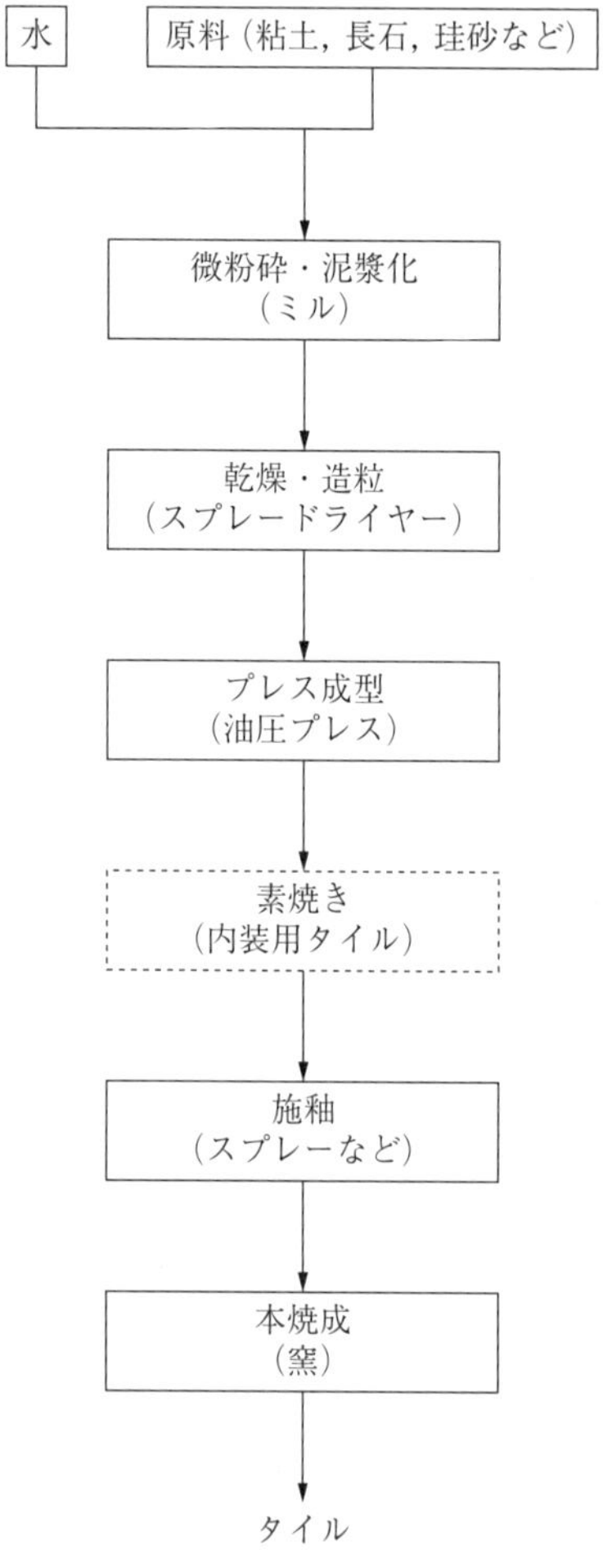

図 60　タイルのつくり方

本焼成に使う窯の種類にはトンネル状の窯の中を台車でゆっくり通して十二～三十時間程度かけて焼成するトンネルキルンと、ローラーでタイルを運びながら三十～百二十分程度で焼成するローラーハースキルン（迅速焼成窯）の二種類があります。焼成温度は、いずれも一二〇〇～一三〇〇℃です。

外装用タイルの場合は、成型体に釉薬をかけて本焼成を行う一度焼きが行われます。これは原料の違いにより、外装用タイルは一度焼きでも緻密に焼き締まるので可能になっています。このようにして、通常のタイルが出来上がります。実際には、原料の泥漿を乾燥せずに練り土状の原料を押し出し成型する湿式法と呼ばれる成型方法も使われますし、原料粉末のつくり方、釉薬のかけ方などもさまざまな方法があります。この後、タイルに光触媒をコーティングする工程に移るのですが、先に光触媒について説明します。

光触媒とは

光触媒とは、光が当たることで周囲の化学反応を促進するような物質です。例えば、植物の中にある葉緑素は、光のエネルギーを利用して水と二酸化炭素からデンプンと酸素を生成します。葉緑素も一種の光触媒ということになります。

現在、光触媒として工業的に使われているのは、ほとんどが酸化チタンという物質です。酸化チタンとは、白い粉末状の物質で、昔からペンキや紙などを白くする顔料として使われています。また、紫外線を吸収する働きがあるので、日焼け止めの材料としても使われています。屋外にあるペンキの壁を触ると、指に白い粉が付くのを体験したことがあると思います。これは、酸化チタンが太陽光（紫外線）を吸収して、周りのペンキを徐々に分解してボロボロにしていっているのです。酸化チタンのこのような働きはペンキの寿命を短くするので、顔料の酸化チタンはこのような悪さを少なくするようにいろいろな工夫をしています。

逆に、通常は嫌われる、この分解作用を有効利用しているのが、光触媒の酸化チタンで、顔料とは違う種類のものが使われます。光触媒の酸化チタンは、二つの働きを持ちます。一つ目は、酸化チタンに光（紫外線）が当たることで、空気中にある酸素や水蒸気を、活性酸素と呼ばれる非常に反応しやすい物質に変えます。この活性酸素が、光触媒の周囲にある有機物、汚れ、悪臭、ばい菌などに働きかけて、汚れや悪臭を分解し、ばい菌を殺します。有機物分解作用と呼ばれます。二つ目は、酸化チタンに紫外線が当たることで、自分自身の表面に変化を起こして、水に濡れやすい性質（親水性と呼びます）を発現します。親水化作用と呼ばれます。

光触媒のコーティング方法

光触媒に使われる酸化チタンは白い粉であると述べましたが、酸化チタン粒子の大きさをとても細かくして一〇ナノメートル（＝一〇万分の一ミリメートル）程度にして、タイルの表面に薄くコーティングすれば透明な膜になるので、タイルの色合いなどに影響を及ぼさずに光触媒の機能を持つタイルをつくることができます。タイルへの光触媒コーティング方法を図61に示します。非常に細かい酸化チタンを水に分散した液（酸化チタンゾルと呼ばれます）をタイルの表面にスプレーなどで塗ります。それを、八〇〇℃以上の窯に入れて、ごく短時間熱をかけることでガラス状になっている釉薬が熱で軟らかくなり、酸化チタンの粒子が一部分沈み込みます。熱処理が終わると、釉薬は再び固まるので、酸化チタンの薄い膜がタイルの表面に形成されます。

タイルの表面に光触媒をコーティングすると、なにがよいのでしょうか。図62に、光触媒タイルのセルフクリーニング作用の図を示します。外装用タイルに絞って説明します。タイルの表面には、自動車の排気ガスなど、さまざまな汚れが付着しますが、ほとんどの汚れは油性の有機物です。汚れが付着した光触媒タイル

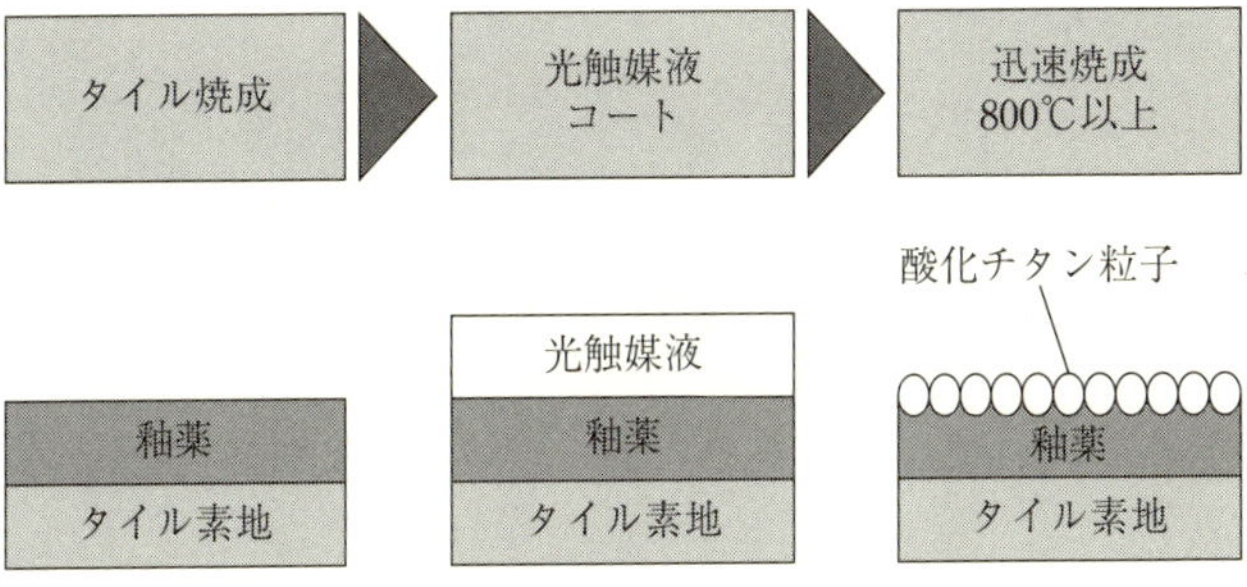

図 61　光触媒コーティング方法

の表面に太陽光が当たると、太陽光に含まれる紫外線によって光触媒の一つ目の働きである有機物分解作用が起こり、付着した有機物汚れを徐々に分解します。また、光触媒に接した面から分解するので、汚れの付着力も弱くなります。また、光触媒の二つ目の働きである親水化作用も起こります。親水化した表面は、油性の有機物汚れよりも水になじみやすいので、雨が降ると汚れの下に水が潜り込んで、汚れを浮かせて洗い流すという効果が出ます。汚れを丸ごと流すので、有機物分解作用で徐々に分解するよりも、効率よくセルフクリーニング効果が得られます。写真27に光触媒タイルと通常タイルを屋外に放置して、汚れの差を見た様子を示します。光触媒タイルは全然汚れておらず、セルフクリーニング性能のすごさがわかっていただけると思います。

また、光触媒タイルはセルフクリーニング性能を持つため、洗浄の手間がいらず、洗剤やすすぎの水などが不要になることから、洗剤を流すことによる河川の汚染も防ぐ、環境に優しい

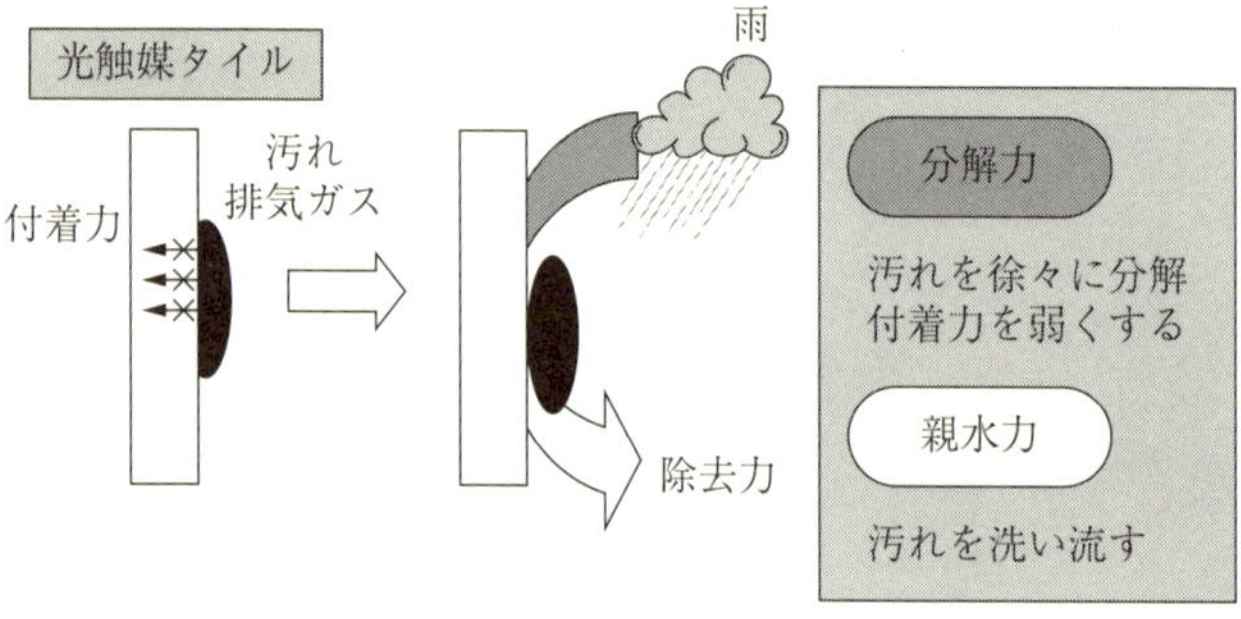

図 62　光触媒のセルフクリーニング作用

製品です。それだけでなく、大気汚染の元になる窒素酸化物なども除去する働きがあり、積極的に環境を浄化する製品でもあります。一〇〇〇平方メートルの壁に光触媒タイルを貼ると、ポプラ七十本を植えたのと同じ大気浄化作用があるとの試算結果も出ています。

このように、環境に優しい光触媒を使った製品はタイル以外にも応用され始めています。すでに、ペンキ、ガラス、タイル以外の外装材、テント膜などが製品化されており、今後も大きく広がっていくと考えられます。

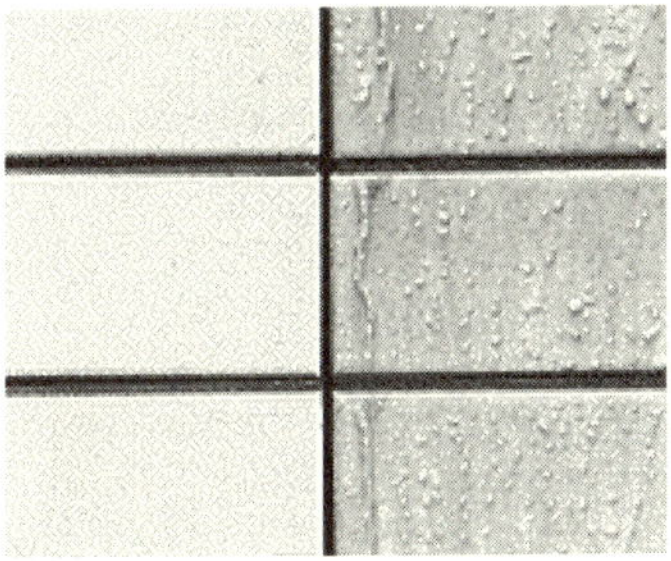

（a）光触媒タイル（b）通常タイル

写真 27　セルフクリーニング効果の確認写真

樹脂と金属粉からつくる小型精密部品

自動車部品をはじめとした機械部品、携帯電話部品などの小型精密部品はさまざまな方法でつくられます。いままでは、金属素材を削ったり、金属を溶解させて固めたりという方法でつくってきました。最近になって、第五世代の加工方法として注目されているのが「樹脂と金属粉からつくる」画期的な方法で、それは **metal injection molding**（金属粉末射出成形。以下、ＭＩＭ法）といわれる方法であり、この分野では日本は世界の先頭を走っています。いままでは、自動車・バイク、時計等の精密機械、携帯電話、自動販売機の防犯設備等、さまざまな分野に応用されています。この方法のプロセスを図63に示していますが、この製法のおもな特徴は、①複雑な形状をした精密部品が一体成形できるということ、②寸法精度、製品の特性が優れていること、③ほとんどの材質に適用でき、また大量生産に向いていること、④部品の製造コストを削減できることなどです。以下、各工程について説明します。

プロセス

(一) 混合・造粒工程――均一な材料をつくる工程

使用する金属粉末は、微細な粉末を使用します。人間の髪の毛が太さ五〇~一〇〇マイクロメートルといわれていますから、その約一〇分の一の大きさで、約五~一〇マイクロメートルの粉末を使用します。また、樹脂については、一成分ではなく、多成分から構成され、その設計は各社の重要なノウハウとなっていますが、理論的にできる部分は限られていて、試行錯誤的に適正な樹脂を設計しなければなりません。身近な例から挙げれば、ろうそく

図63 MIM法の工程

の材料であるワックス、プラスチック製品でよく使用するポリエチレンなども用いられています。これらを加熱し、樹脂を溶かし、金属粉末と樹脂を均一に混合します。しかし、このままでは成形できないので、ペレタイザーといわれる造粒機で数ミリメートルの粒（ペレット）にそろえます。

（二） 射出成形工程――形をつくる工程

先ほどのペレットを用いて目的の形状に成形します。ここでのポイントはまず、射出成形機を用いる点と形をつくるための金型を用いる点です。射出成形機はプラスチック製品の成形によく使用される機械で、皆さんが使用しているさまざまなペン、電子機器、家庭用品などにも使用されています。この成形法の特徴は、三次元的に複雑な成形部品が得られるという利点を持っています。さらに、キーポイントである金型ですが、その構造は、製品形状に形づくられた空洞のキャビティといわれる部分とそのキャビティに材料を導くランナー部分からなり、これらの形状をどのように設計するかによって製品の品質が決まってきます。プラスチック製品であれば、この工程で終了ですが、残念ながら、ＭＩＭ法でつくった成形体は強度が弱く（チョコレートの強度と同じくらい）、製品としては使用できません。そこで、高温に上げて金属粉末どうしを焼き固める必要があり、つぎの工程が必要です。

（三） 脱脂工程――用済みの樹脂を取り除く工程

じつは、先ほどの成形体には、樹脂が体積率で四〇パーセントも含まれています。これを取り除くのは簡単ではありませんが、まず考えられるのは、樹脂を蒸発、あるいは分解し、気化して取り除く方法です。これはよく用いられている方法で、大量生産する場合には非常に利点がありますが、除去するのに長い時間がかかります。通常でも一日、大きな製品となると二日以上要するという欠点があります。ほかの方法として、樹脂のもう一つの特徴である性質、すなわち樹脂は相性のいい溶媒に溶けるという性質を利用するものです。有機溶媒としては、塩素系、あるいは炭化水素系の有機溶媒、あるいは水なども用いられています。成形体をこれらの溶媒に浸し、成形体から樹脂を取り除く方法で、特徴としては、数時間程度で樹脂を除去できるという特徴を持っています。しかし、使用済みの溶媒と溶媒に溶け込んだ樹脂の処分をどうするかという環境上の問題も考える必要があります。なお、脱脂工程では成形体からすべての樹脂を取り除くわけではなく、高融点のポリエチレンなどは成形体がくずれないように残しておく必要があります。

(四) 焼結工程——焼き物の世界

これからいよいよ焼き物の世界に入ります。脱脂した成形体を焼き物の窯に入れるわけです。よくテレビで出てくる窯とは違います。窯の場合は酸化物からなるセラミックスですので雰囲気は大気中でも一向に構いませんが、こちらは金属製品ですので、酸化しないように高真空あるいは水素などの還元雰囲気で焼結する必要があります。酸化してしまうと製品として使い物になりません。温度は一〇〇〇℃から一五〇〇℃ぐらいの高温に保持します。この温度で金属原子が拡散することで、粉末どうしが焼結され、空隙が消失し、最終的にはほとんど空隙のない高密度の焼結体が得られます。焼結体の特性としては、機械加工、鋳造等で得られる従来製品と同等以上の機械的性質を有しています。焼結工程では、成形体は大きく収縮します。写真28に示すように、線収縮率で一五パーセント以上収縮します。この収縮は驚くべきことに、異方性はなく、均一に生じます。なぜこのような都合のいいことが起こるかといいますと、先ほどの射出成形工程が「みそ」です。射出成形時においては圧力が等方的に発生し、場所的な不均一がないことなどにより、焼結時、収縮が等方的に生じることになります。もし、これが不均一に収縮するということであれば、このＭＩＭ法は日の目を見なかったことでしょう。

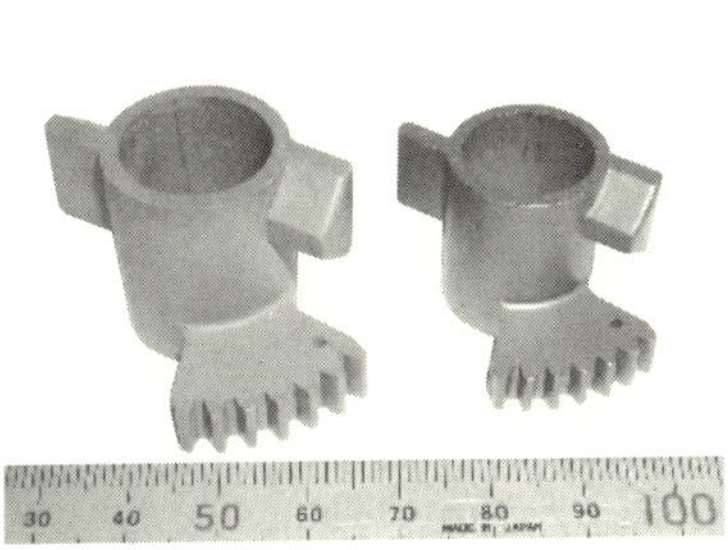

写真28　焼結前後の収縮変化

(五)　後処理――焼結変形の矯正、熱処理、表面処理

(四)で、等方的に縮むと述べましたが、厳密には局部的に不均一な収縮が生じることがあり、それらはある程度、金型の設計に反映することで調整が可能です。しかしながら、不均一に起因しない変形、例えば重力の影響による変形はどうしようもありません。この場合は、焼結後、プレス機を用いて矯正することになります。さらに、お客様のご要望により、腐食防止のためのめっきな

どの表面処理、強度を上げるための焼き入れ、焼き戻しを代表とする熱処理を施すことができます。これも高密度焼結体のおかげです。また、装飾品に使用される場合は、鏡面に仕上げるための研磨を行う場合もあります。

応用製品写真集――身近になった製品例

代表的な製品例をお見せしましょう。これらはすべて実製品に用いられ、現在も使用されているものです。写真29（a）は自動車エンジン部品（低合金鋼、一〇グラム）、写真（b）は自動車ブレーキ部品（低合金鋼、一〇グラム）、写真（c）は半導体基板洗浄部品（チタン合金、二グラム）、写真（d）はハードディスク部品（ステンレス鋼、〇・三グラ

（a）自動車エンジン部品

（b）自動車ブレーキ部品

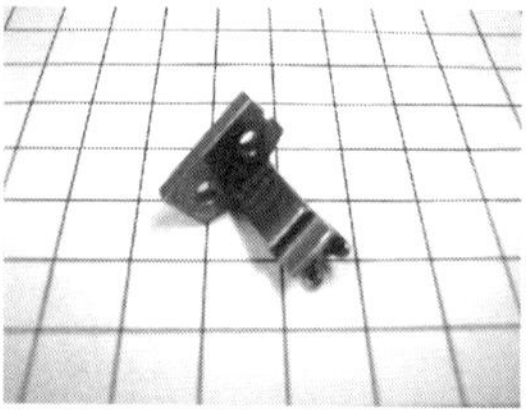

（c）半導体基板洗浄部品

（d）ハードディスク部品

写真 29　MIM 製品応用事例

ム）で、さまざまな分野に使用されていることがわかると思います。

この技術はあらゆる分野に使用されつつあり、いまでは日本をはじめとして、欧米、アジア各国に広まっています。

日本、米国、ヨーロッパではそれぞれの材料規格がありますが、現在、日本、米国、ヨーロッパの粉末冶金工業会からメンバーが参加し、ＩＳＯ内の正式なワーキンググループとして、規格制定に向けて活動中です。そういうことで、皆さんの周囲にこの「樹脂と金属粉末」から製造された精密部品がますます出現することでしょう。

【引用・参考文献】

日本粉末冶金工業会のホームページ：http://www.jpma.gr.jp（二〇〇五年十月現在）

人体にやさしいチタン人工骨

人工骨は、金属、セラミックスあるいはプラスチックスにより作製されますが、大きな荷重を支えることが必要な人工股関節等は、強度と靭性に優れる金属で作製される場合がほとんどです。しかし、例えば、人工股関節は、写真30に示すように、ステムは金属、骨頭はセラミックス、カップは高分子で作製し、これらを組み合わせて成り立っています。すなわち、金属、セラミックス、高分子の組合せで成り立っているわけです。これからの人工骨は，さらに進化して，例えば金属を基盤としてセラミックス，高分子で金属基盤を表面修飾して生体活性を高めたり，生体分子との融合を可能にしたりするなど，金属，セラミックス，高分子の融合生体材料（インテグレート生体材料）で作製されるようになると思われます。

さて，現在のところ，おもな実用生体用金属材料は，ステンレス鋼，コバルト合金，チタン（純チタンを意味します）およびチタン合金です。これらの中でも，チタンの生体親和性が最も良く，耐食性や力学的特性のバランスに優れ，比強度（強さを比重で割った値。軽くて強いことを示す）が高いことなど，種々の特性に優れていることから，最近急激に生体用金属材料としての注目度と使用が増大してきています。

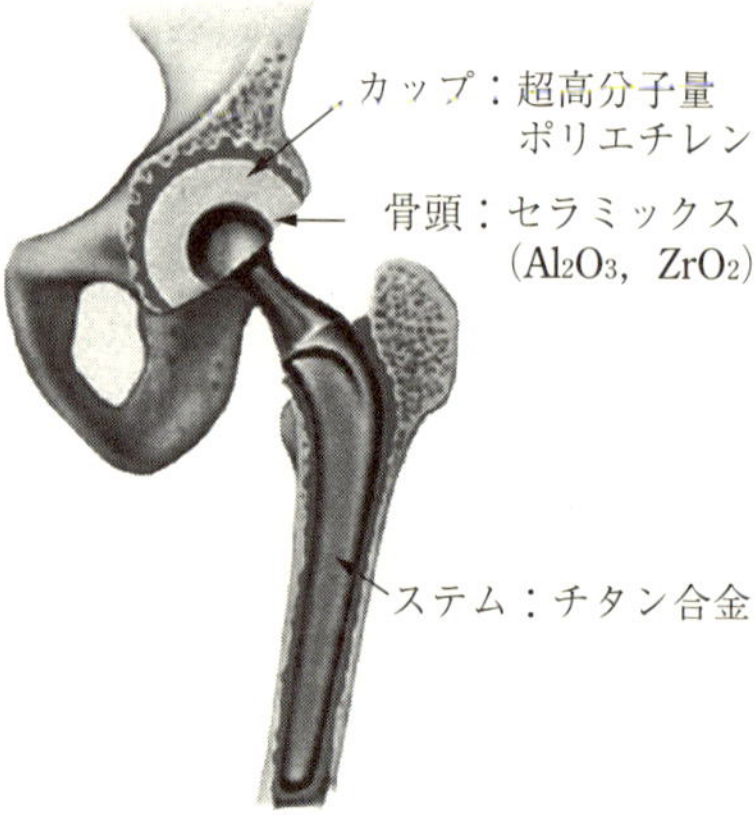

写真 30　人工股関節

代表的な生体用チタン合金としては，純チタンおよび **Ti－6Al－4V ELI** 合金があり，現在，生体用チタン合金の大部分を占めています。しかし，純チタンや **Ti－6Al－4V ELI** 合金は，本来，航空機用構造材料として用いられてきており，それらを生体用に転用しています。これまでに，純チタンおよび Ti−6Al−4V ELI 合金で特に問題があったわけではありませんが、最近では初めから生体用を目指したチタン合金が開発されるようになっています。すなわち、毒性やアレルギーを示さない元素で構成され、耐久性に優れたチタン合金が登場してきています。

きわめて最近では、生体器具と生体骨間の応力伝達が均等であることが骨吸収抑制や骨のリモデリングに効果があるとされるようになっています。このため、無毒性・非アレルギー元素からなり、生体骨の弾性率により近い弾性率を有するチタン合金であるβ型チタン合金の研究・開発が盛んとなっています。なぜβ型チタン合金かといいますと、チタン合金は、一般にα型、α+β型およびβ型に分類され、これらの中で、β型チタン合金の弾性率が最も低いことがわかっているためです。このようなβ型チタン合金として Ti−Nb−Ta−Zr 系合金が代表的です。

この系のβ型チタン合金では、低弾性率に加え、形状記憶特性や超弾性特性が発現することが報告されており、機能性生体用チタン合金としての実用化が期待されています。このような機能が付与されると、血管の狭窄を治療するためのステント等へのチタン合金の応用が可能となってきます。

チタン製人工骨の応用製品としては、前述の人工股関節に代表される人工関節、骨折固定材（骨プレート）やねじ、人工歯根等が代表的です。これらの人工骨製品は、製品に応じて種々の加工法で製造されます。

人工股関節ステムの場合では、通常、圧延丸棒から熱間鍛造により素形材を作製し、エンドミルで三次元形状に仕上げられます。その後の表面処理は大きく二通りに分けられます。すなわち、移植に当たってセメントで固定する場合としない場合です。セメントで固定する場合では、研磨等での鏡面仕上げやショットブラストでのダル仕上げが行われます。セメントで固定しない場合には、その後はハイドロキシアパタイトをプラズマ溶射やアルカリ処理等で表面修飾したり、プラズマ溶射等により純チタンポーラス層を表面に形成します。

人工股関節ステムでは、信頼性の点から熱間型鍛造による製造が主体ですが、精密鋳造法や粉末冶金法による製造も可能です。ただし、ミクロ組織の粗大化、鋳造欠陥や気孔の存在が信頼性、特に疲労寿命の低下につながることからこれらをなくす工夫が必要です。したがって、ステム成形後、熱間静水圧プレス（ＨＩＰ）処理により鋳造欠陥や気孔を消滅させたり、熱処理によりミクロ組織を微細化させたりすることが不可欠となります。

チタンあるいはチタン合金の人工骨としての応用は、歯科でも活発です。歯科での応用の代表例としては人工歯根があります。人工歯根は、図64に示すようにフィクスチャー、ポスト、ロックスクリューなど、多くの小部品からなっており、これらは切削加工で製造されます。最近では、ＣＮＣ自動旋盤が用いられており、素材（ワーク）を取り付けてからは、ドリル、バイト、タップ等が自動で切り替わり（実際にはワークが移動します）、加工が進んでいきます。

例えば、あるタイプのフィクスチャー一個の製造では、ドリル、バイト、タップ等の工具による切削工程が十一工程も含まれています。仕上げの研磨のみが手作業で行われます。人工歯根のタイプは種々ありますが、その寸法は長さおよそ数十ミリメートル、外直径およそ数ミリメートルと非常に小さな製品です。それ一個の製造工程はじつに複雑で高精度が必要とされています。

歯科では、最近、人工歯根だけでなく、クラウン、クラスプやインレイ等の歯科補綴《てい》物（写真31）にチタンやチタン合金を適用しようとする動きが盛んとなっています。歯科補綴物は、従来、歯科精密鋳造法により製造されてきていますが、最近ではCAD／CAMを用いた切削加工による製造も行われるようになってきています。しかし、依然として歯科精密鋳造法による製造が主流となっています。

チタンおよびチタン合金は、歯科で従来、補綴物鋳造に用いられてきている金合金や銀合金に比べきわめて活性であることから、その精密鋳造に当たっては、雰囲気を不活性とし、鋳型材を金合

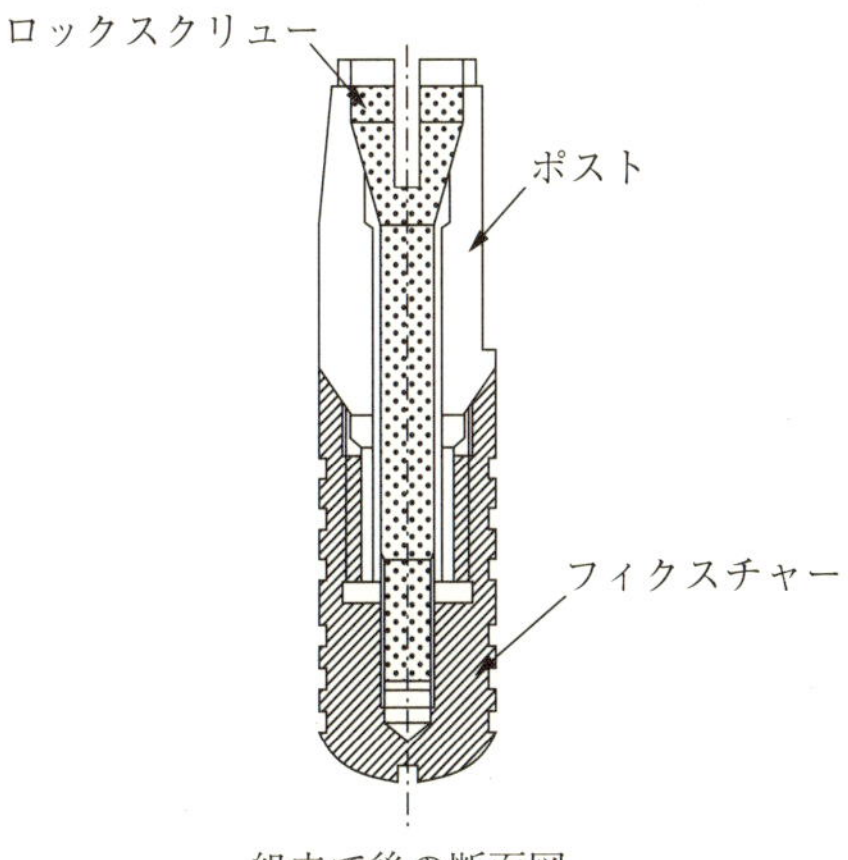

組立て後の断面図

図64　人工歯根

金や銀合金の精密鋳造に用いるリン酸塩系鋳型材よりもより安定なマグネシウム系鋳型材を用いることが必要となります。チタンおよびチタン合金の歯科精密鋳造機は、製造販売されていますが、鋳型材等でさらに安定で作業性の良い材料が求められています。チタン溶湯と鋳型が反応すると、鋳型が分解し、酸素とチタン鋳造体との反応が生じ、チタン鋳造体表面に酸化層および酸素の拡散によって生成する脆弱なαケースと呼ぶ層が形成されます。これらの酸素富裕表面層は、鋳造体の機械的性質や疲労寿命を低下させるため、除去することが必要となります。この酸素富裕層は加工除去に困難を伴い、製品の寸法精度にも大きな影響を及ぼすため、できるだけ形成を抑制することが望まれます。このため、反応性の低い鋳型材の開発に加え、合金の低融点化も有効です。

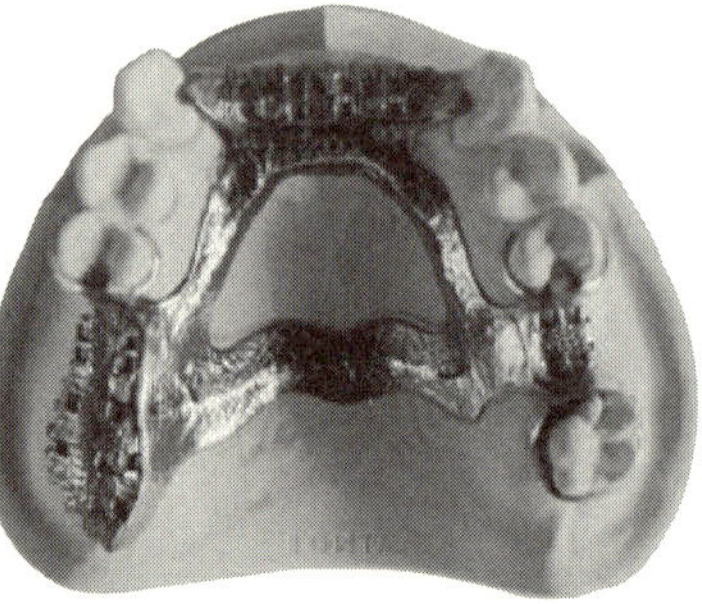
写真 31　歯科補綴物の例（義歯床）

最近では、前述した整形外科領域での人工骨用として研究・開発された **Ti–Nb–Ta–Zr** 系合金（具体的組成として **Ti–29Nb–13Ta–4.6Zr** 合金など）等を無毒性・非アレルギー性元素から構成されていることから、歯科補綴物に適用しようとする動きがあります。そのような場合、合金の融点が通常のチタン合金と比べ格段に高いために従来の鋳型材では表面反応層が厚く形成されてしまう

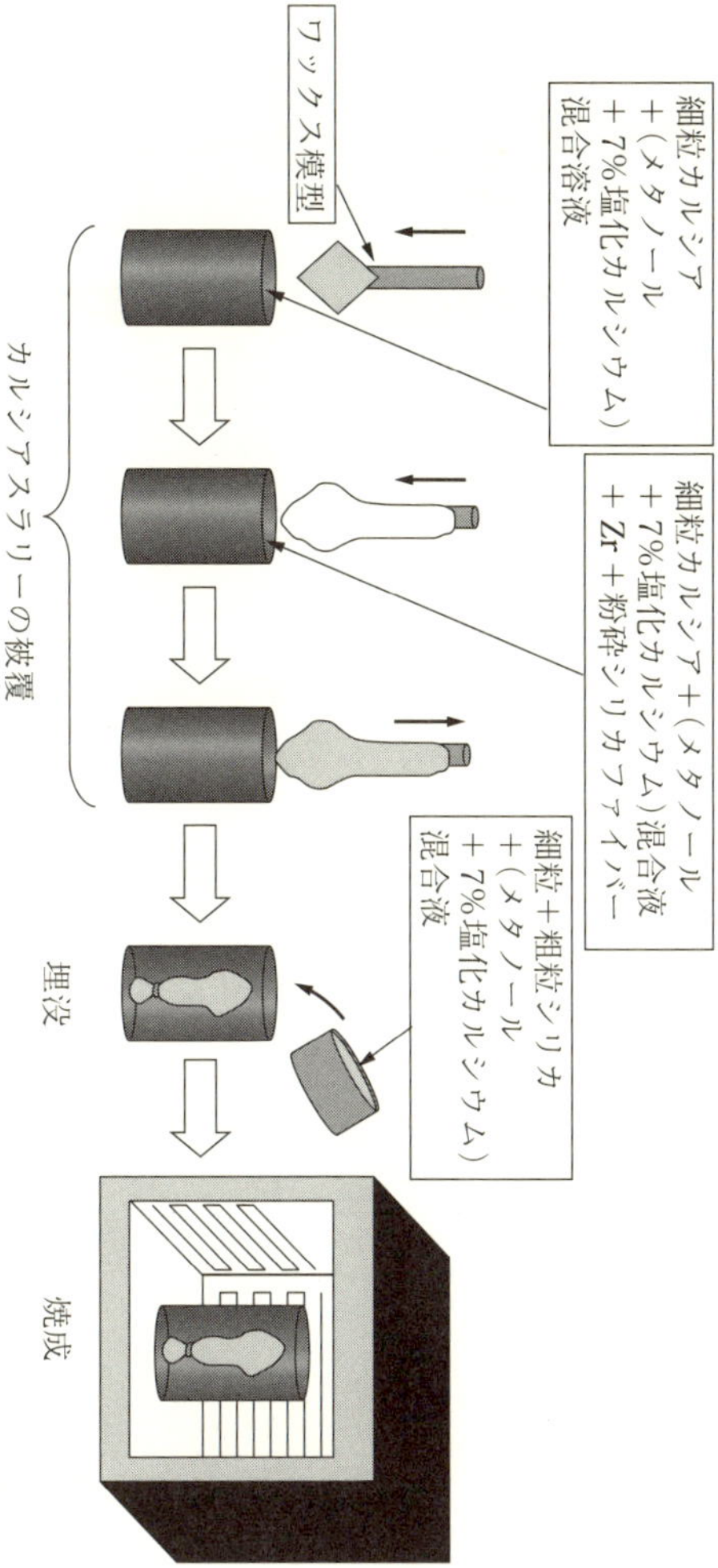

図65 二重被覆法によるカルシア鋳型の作製工程

ため、より安定な鋳型材を用いた歯科精密鋳造プロセスや合金の低融点化の研究・開発がなされています。

より安定な鋳型材を用いた高融点チタン合金の歯科精密鋳造プロセスの開発の試みとして、マグネシアよりも安定なカルシアを鋳型材に用い、ワックスパターンにカルシアをコーティングして鋳型を作製する手法で表面反応層の形成を抑制し、良好な鋳肌の高融点チタン合金製歯科補綴物を製造することの成功例が報告されています。この鋳型作製プロセスでは、図65に示すようにまず歯科補綴物のワックスパターンにカルシアスラリーを一層被覆し、その上にシリカファイバーで強化し、膨張剤としてジルコニウム（Zr）を添加したカルシアスラリーを被覆します。次いで、そのバックアップに粗粒および細粒混合カルシアからなるカルシアスラリーを用い、焼成し、鋳型を製造します。このように作製したカルシア鋳型に高融点チタン合金を鋳造することで良好な歯科補綴物を製造することが可能となります。

チタン製品では切削加工コストが高いことがチタン製品普及の妨げの大きな要因の一つとなっていることから、精密鋳造法や粉末冶金法等のニアネットシェイプ加工法はチタン製品製造コストの低減に有効であり、一般チタン製品製造コストの低減にも有効といえます。

【引用・参考文献】

松下富春：「整形外科用材料と加工技術の現状」Journal of the JSTP、四二、四八六、六五九―

六六四頁（二〇〇一）

マイクロポンプ

指先に乗るぐらいの小さな「マイクロポンプ」の開発が、このところ盛んです。写真32は、開発中のマイクロポンプの例です。このポンプは、大きさ約二センチメートル角のチップ型で、毎分一マイクロリットル（一辺一ミリメートルの立方体の体積）程度の水やアルコールを送る能力があります。さて、こんなに小さいポンプにはどういう用途があるのでしょうか？　現在、期待されているのは、小型の化学分析機器や医療用機器、ノートパソコン等の冷却装置、携帯用燃料電池などに組み込むポンプとしての用途です。今後、ほかにも新しい応用先が出てくるかもしれません。

一口にマイクロポンプといっても、さまざまな種類があります。その多くは、小さくても効率よく動作するように、流体の特性を巧みに利用するための工夫がされています。図66に示すのは、ダイヤフラム型と呼ばれる最もポピュラーなタイプのおおま

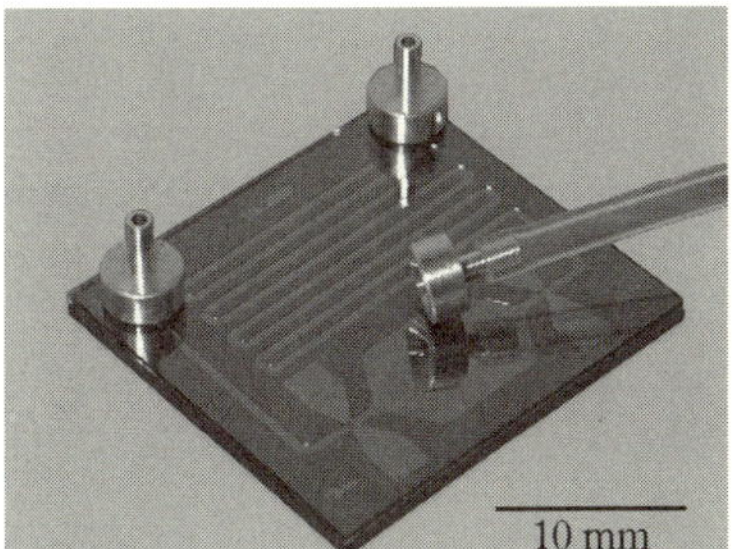

写真 32　開発中のマイクロポンプの例

かな構造と仕組みです。このタイプでは、ダイヤフラム（薄い膜状の部分）が太鼓の皮のように変形することで、流体を送るのに必要な圧力を発生します。図中のポンプでは、電圧を加えると伸び縮みする圧電素子とダイヤフラムを組み合わせることで、自ら力を発生するダイヤフラムアクチュエータとしています。

また、ダイヤフラムが発生させる流れは同じところを往復するだけなので、これを一定方向の流れとするための「弁」が必要になります。弁にもいろいろなタイプがありますが、通常使われるのは、圧力差によって開閉する受動的逆止弁と呼ばれるタイプです。

ダイヤフラム型ポンプのように、機械的な原理で動作するマイクロポンプとしては、ほかにも羽根車の回転を利用するもの、超音波振動を利用するものなどがあります。一方、機械的に動く部分を持たずに、電場などの作用によって流体を送る形式のマイクロポンプも数多く提案されています。

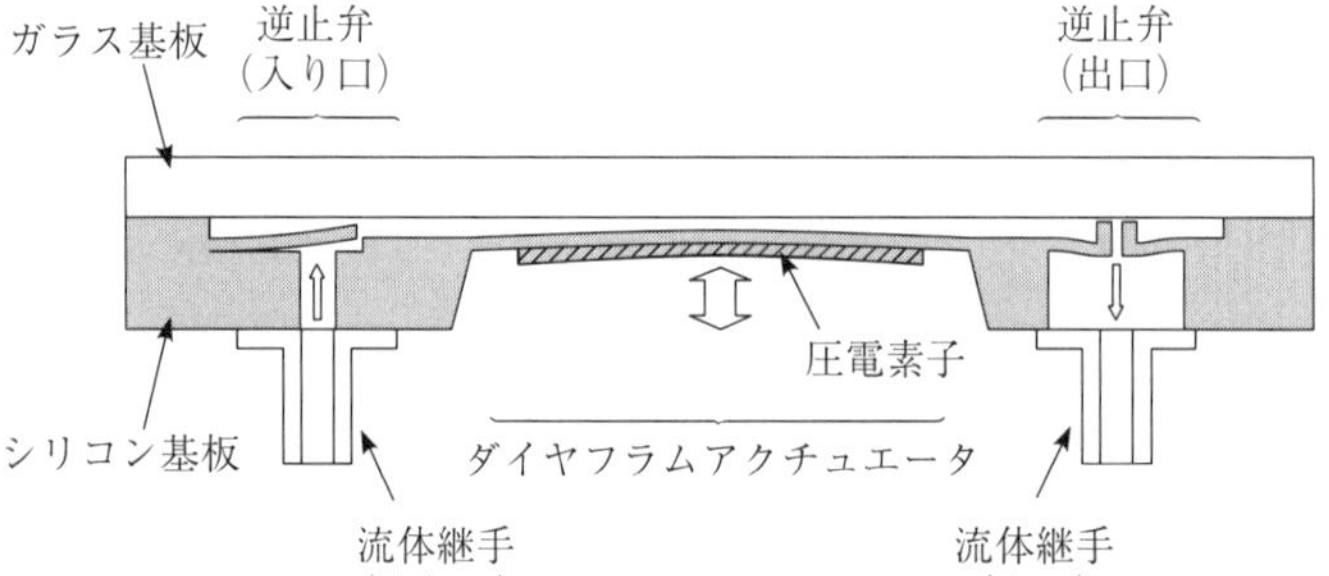

図 66　ダイヤフラム型マイクロポンプの構造と動作原理

このように多様な形式があるマイクロポンプですが、これらはミクロンオーダーの小さくて複雑な構造を精度良くつくれる微細加工技術の発達によって、初めて実現したといえます。そうした微細加工技術の中でも大きなウエートを占めるのが、MEMS（メムス）と呼ばれる技術です。

MEMSとは micro electro-mechanical systems の略で、微小電気機械システムと訳されています。もともとは、集積回路など半導体製品の製造で使われるフォトリソグラフィーやエッチングなどの技術をアレンジして、集積回路なみに微小な構造を持った機械要素をつくる技術を指しますが、微細加工技術一般を意味する言葉として使われることも多いようです。ここでは、図66に示したような構造のマイクロポンプをつくるための工程に絞って解説することにします。

材料としては、単結晶シリコンとガラスを使用します。どちらも、ウェハと呼ばれる高精度に研磨された薄い円形の基板として製造されています。これらのウェハ上にミクロンオーダーの構造をつくっていくわけですが、そのときに基本となるのがフォトリソグラフィー技術です。これは、微細なパターンを画像として基板に転写するもので、写真のネガフィルムから印画紙への焼き付けとよく似ています。

まず、フォトレジストと呼ばれる感光性の樹脂を基板の表面に塗布して、均一な厚さの膜にします。この膜に対し、原版である白黒の「フォトマスク」のパターンを紫外光で焼き付け、現像すると、パターンのとおりにフォトレジストの一部が除去されます。こうしてパターンを転写されたフォトレジスト膜は、後に続くエッチング工程で保護マスクの役割を果たします。なお、ネガフィルムにあたるフォトマスクは、電子線描画装置など、高分解能の描画装置を使って作成されます。

図66のポンプの場合、流路やダイヤフラムや逆止弁は、シリコン基板をエッチングすることで作成します。これらの構造は、電子回路のような平面的な構造と比較すると、ある程度の深さ方向の大きさを持っています。このように深さ（高さ）方向の寸法が水平方向に比べて大きいことを、高アスペクト比と呼んでいます。高アスペクト比加工は、ＭＥＭＳ技術の特徴の一つとなっています。シリコンの高アスペクト比加工技術としては、水酸化カリウム水溶液等による結晶異方性エッチングか、反応性イオンエッチングというプラズマを用いたエッチング技術が代表的です。これらの加工法について、もう少し詳しく説明します。

結晶異方性エッチングは、エッチングの進む速さが結晶の面によって異なることを利用した液相中の加工方法です。シリコンの結晶構造は、図67に示すようなダイヤモンド型と呼ばれるものです。この構造は、どの面で切るかによって、表面に現れる原子の並び方が大きく異なります。水酸化カリウム等による反応の進み方は、この並び方の影響を強く受けるため、面の向きによるエッチングのスピードには百倍もの差が出ます。この性質を利用すると、特定の方向にのみ深いエッチングを行うことができます。

写真33は、結晶異方性エッチングでつくられた構造の例です。結晶軸が基準なので、ピラミッド

のように壁面が斜めの形となるのが特色です。しかし、材料のシリコンウェハは、単結晶から軸の方向に沿って正確に切り出されているので、設計しだいでかなり狙いどおりに近い形状をつくることができます。なお、保護マスクには、水酸化カリウムに溶けにくいシリコン酸化膜やシリコン窒化膜を使う必要があります。

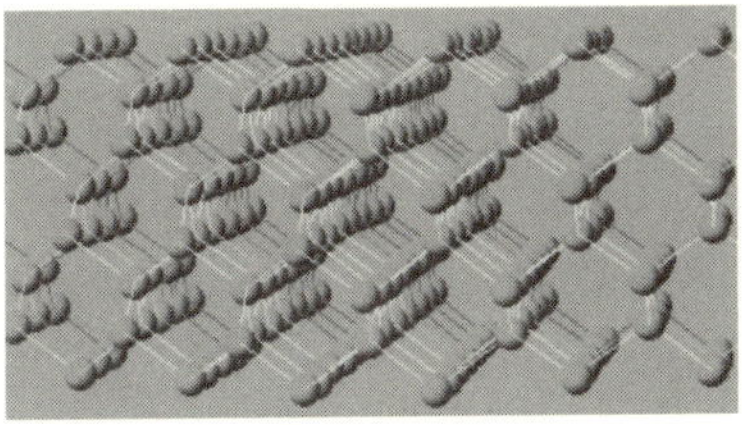

図 67 シリコン単結晶のダイヤモンド型構造

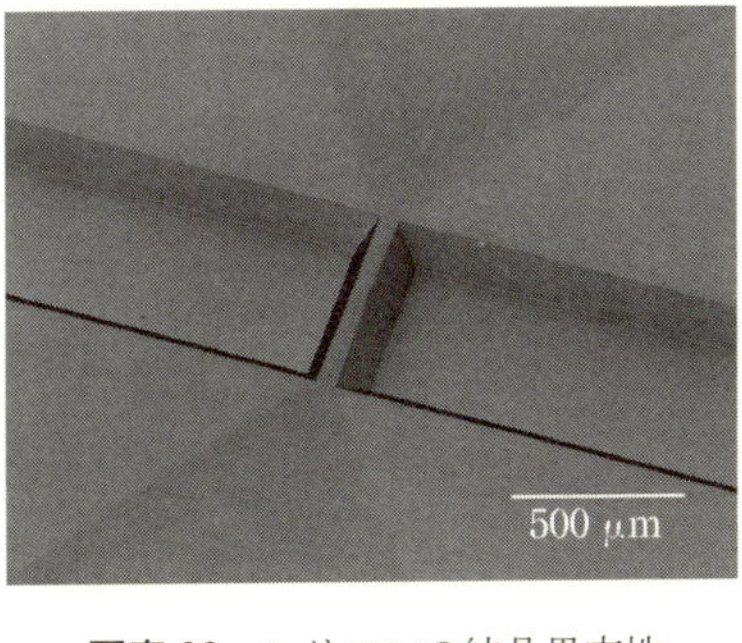

写真 33 シリコンの結晶異方性エッチングによる構造の例

一方、反応性イオンエッチング（reactive ion etching：RIE）は、基板の表面に対して垂直方向に真っすぐに深い除去加工を行うことができる気相中の加工方法です。気相でのエッチングには大きく分けて、活性成分との反応による化学的な除去効果と、加速された粒子の衝突による物理的な除去効果がありますが、これら両方の相乗効果を利用するのがＲＩＥです。

ＲＩＥによるエッチングの特徴は、すでに述べたように垂直方向の深い加工ができることですが、深さが大きくなってくると、ある程度の水平方向への広がり（サイドエッチング）は避けられません。これを解決するものとして、サイドエッチングを防ぐ保護膜の形成と深さ方向へのエッチングを交互に繰り返すＤＲＩＥ（Deep RIE）と呼ばれる加工法が、最近では広く使われています。

ＤＲＩＥプロセスは加工できる形の自由度が大きい上に、加工のスピードが速いなどの利点があるため、前に述べた結晶異方性エッチングに比べて使用される機会が増えてきています。欠点としては、加工されてできた面の粗さがやや大きいことが挙げられますが、これもいろいろな工夫によって改善が進んでいます。写真34はＤＲＩＥプロセスでつくられた構造の例です。なお、ＤＲＩＥプロセスを行う装置のことを、プラズマ発生方式の名前からＩＣＰ（inductively coupled plasma）エッチング装置と呼ぶこともあります。

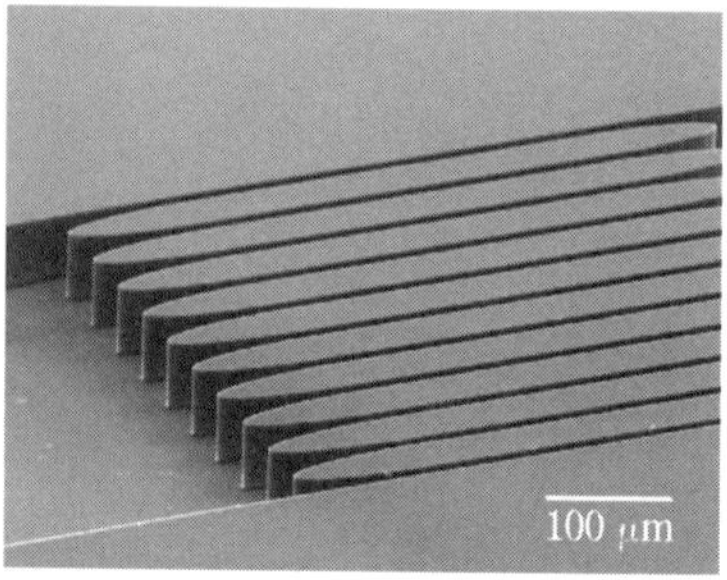

写真 34 DRIE プロセスによる構造の例

こうしたエッチングの工程を経て、シリコン基板上に流路やダイヤフラムや逆止弁などの構造が出来上がります。さらに、必要に応じて電極等を作成するため、金属薄膜の蒸着とパターン形成を行います。

ここまで完了すると、つぎはシリコン基板とガラス基板を組み立てる工程に入ります。ＭＥＭＳ

の組み立てでは、ウェハどうしを直接貼り合わせるウェハ接合技術が活躍します。接合技術にもいくつか種類がありますが、シリコンとガラスの組合せには陽極接合という方法がよく使われます。この方法は、約四〇〇℃に加熱したシリコンとガラスの間に一キロボルト程度の電圧をかけ、そのときにガラス中のイオンの移動によって生じる界面間の静電引力で、二つの面を接合するというものです（図68）。特別な中間層などを必要とせず、比較的低いプロセス温度で接合できるという利点があります。

ところで、MEMS技術の各工程では、わずかなちりやほこりでも欠陥に結びつくことがあるので、すべてクリーンルーム内での作業が原則となります。接合の工程も、特にクリーン度に気を使う工程の一つです。接合が完了すると、ダイシング・ソーというウェハ切断用の研削装置でチップごとに切り離します。

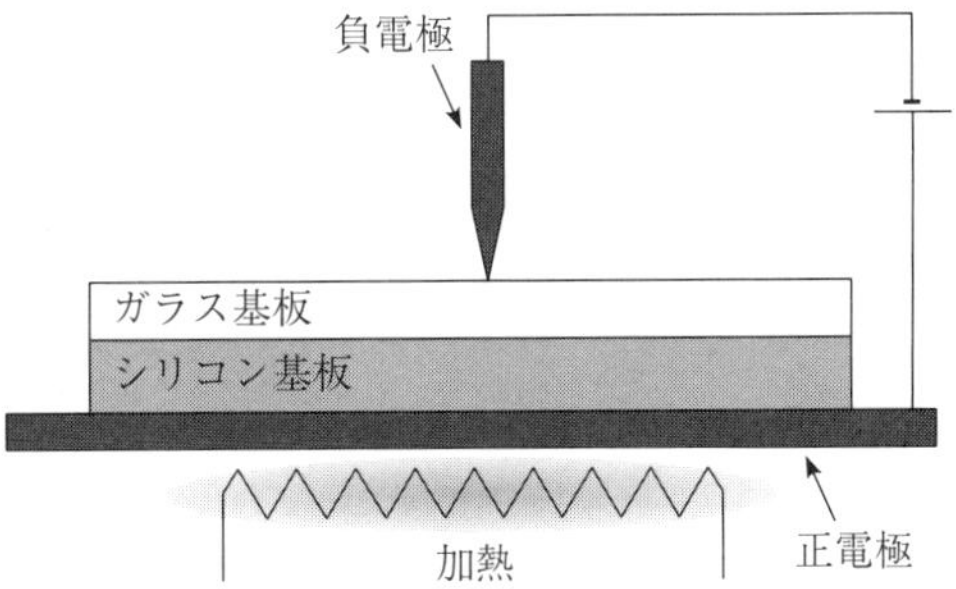

図 68　シリコンとガラスの陽極接合

これでポンプ本体はほぼ完成ですが、実際に動作させるためには、外部の世界との接続などを行う「実装」の工程が必要です。じつは、この実装の部分にはまだ確立された技術がなく、手作業に頼るところが多いのが現状です。まず、シリコンのダイヤフラムに板状の圧電素子を導電性エポキシ接着剤などで貼り合わせて「圧電ユニモルフ」という構造を作成し、アクチュエータとします。電気系統の接続には半導体のＩＣと同様なワイヤボンディングが使えますが、流体系統の外部への接続については、小型の継手を接着剤で固定して使うのが一般的です。

以上、あくまでも一例ですが、ＭＥＭＳ技術によるマイクロポンプ作成プロセスの概略を説明しました。ＭＥＭＳ技術は、各種のセンサーなどへの応用が急速に広がりつつあります。今後開発が進むにつれ、生活の中のさまざまな場面にＭＥＭＳを利用した機器が浸透していくことでしょう。

【み】

【め】

【も】

【ゆ】

【ら】

【り】

インデックス

続　もの作り不思議百科
―ミリ，マイクロ，ナノの世界―

2005年11月21日　初版第１刷発行

検印省略

編　　者　社団法人 日本塑性加工学会
発 行 者　株式会社　コ ロ ナ 社
　　　　　代 表 者　牛 来 辰 巳
印 刷 所　萩 原 印 刷 株 式 会 社

112-0011　東京都文京区千石 4-46-10
発行所　株式会社　コ　ロ　ナ　社
CORONA PUBLISHING CO., LTD.
Tokyo　Japan
振替　00140-8-14844・電話（03）3941-3131（代）
ホームページ　http://www.coronasha.co.jp

ISBN 4-339-07704-6　（大井）（製本：愛千製本所）
Printed in Japan

新コロナシリーズ
発刊のことば

西欧の歴史の中では、科学の伝統と技術のそれとははっきり分かれていました。それが現在では科学技術とよんで少しの不自然さもなく受け入れられています。つまり科学と技術が互いにうまく連携しあって今日の社会・経済的繁栄を築いているといえましょう。テレビや新聞でも科学や新しい技術の紹介をとり上げる機会が増え、人々の関心も大いに高まっています。

反面、私たちの豊かな生活を目的とした技術の進歩が、そのあまりの速さと激しさゆえに、時としていささかの社会的ひずみを生んでいることも事実です。

これらの問題を解決し、真に豊かな生活を送るための素地は、複合技術の時代に対応した国民全般の幅広い自然科学的知識のレベル向上にあります。

以上の点をふまえ、本シリーズは、自然科学に興味をもたれる高校生なども含めた一般の人々を対象に自然科学および科学技術の分野で関心の高い問題をとりあげ、それをわかりやすく解説する目的で企画致しました。また、本シリーズは、これによって興味を起こさせると同時に、専門分野へのアプローチにもなるものです。

●投稿のお願い

「発刊のことば」の趣旨をご理解いただいた上で、皆様からの投稿を歓迎します。

パソコンが家庭にまで入り込む時代を考えれば、研究者や技術者、学生はむろんのこと、産業界の人も家庭の主婦も科学・技術に無関心ではいられません。

このシリーズ発刊の意義もそこにあり、したがって、テーマは広く自然科学に関するものとし、高校生レベルで十分理解できる内容とします。また、映像化時代に合わせて、イラストや写真を豊富に挿入し、できるだけ広い視野からテーマを掘り起こし、科学はむずかしい、という観念を読者から取り除き興味を引き出せればと思います。

●体　裁

判型・頁数：B六判　一五〇頁程度

字詰：縦書き　一頁　四四字×十六行

なお、詳細について、また投稿を希望される場合は前もって左記にご連絡下さるようお願い致します。

●お問い合せ

コロナ社　「新コロナシリーズ」担当

電話（〇三）三九四一－三一三一